지리쌤과 함께하는

80일간의

세계 여행

지리쌤과 함께하는 80일간의 세계 여행
아프리카 · 아메리카 · 오세아니아 편

1판 1쇄 2018년 1월 18일 │ 1판 3쇄 2020년 6월 30일
지은이 전국지리교사모임 │ 펴낸이 윤혜준 │ 편집장 구본근
고문 권태환 │ 본문디자인 박정민 │ 지도 일러스트 최청운
펴낸곳 도서출판 폭스코너 │ 출판등록 제2015-000059호(2015년 3월 11일)
주소 서울시 마포구 월드컵북로 400 문화콘텐츠센터 5층 9호(우 03925)
전화 02-3291-3397 │ 팩스 02-3291-3338
이메일 foxcorner15@naver.com │ 페이스북 www.facebook.com/foxcorner15

종이 광명지업(주) 인쇄 수이북스 제본 국일문화사

ⓒ 전국지리교사모임, 2018

ISBN 979-11-87514-14-5 03980

지리쌤과 함께하는
80일간의
세계 여행

아프리카·아메리카·오세아니아 편

전국지리교사모임 지음

푹스코너

안녕하세요? 독자 여러분과 80일간의 세계 여행을 함께 떠날 지리
쌤입니다. 우리가 떠날 여행은 이웃 국가 일본, 중국부터 시작해 동남아
시아, 유럽을 거쳐, 가보기도 어려운 아프리카, 아메리카, 지구의 땅끝
남극과 오세아니아를 돌아보는 코스입니다.*

우와~ 대단하죠? 누구나 한 번쯤은 꿈꿔보았을 세계 일주의 꿈을
시작해보려 합니다.

---

* 이 책은 《지리쌤과 함께하는 80일간의 세계 여행–아시아 · 유럽 편》에 이어지는 내
용입니다. 따라서 이 책을 먼저 보시는 독자들의 이해를 돕고자 〈아시아 · 유럽 편〉
의 〈프롤로그〉를 다시 한 번 싣는 것을 밝힙니다. —편집자 주

1870년대 포그가 도전했던 세계 일주와는 '다른' 세계 여행

어릴 때 읽은 《80일간의 세계 일주》(쥘 베른 저)를 기억하세요? 1873년에 나온 이 소설은 영국 신사 필리어스 포그가 자신의 전 재산을 걸고 80일간의 세계 일주에 도전하며 겪는 모험담이지요. 소설 속에서는 주인공이 런던을 출발해 수에즈, 봄베이, 캘커타, 홍콩, 요코하마, 샌프란시스코, 뉴욕을 거쳐 런던으로 돌아오는 데 정확히 3초가 남은 80일이 걸렸답니다. 아슬아슬한 세계 여행기에 사람들이 빠져들었고, 오늘날까지 읽히는 스테디셀러가 되었지요.

포그가 1870년대 도전했던 세계 여행을 우리는 2010년대에 다른 시각, 다른 마음, 다른 코스, 다른 방법으로 도전해보려고 합니다. 지금은 세계인이 지구촌 문제를 놓고 서로 의논하며 협력하는 시대이니만큼 내가 살고 있는 지구촌을 제대로 알고 이해하고자 하는 마음으로 여행을 떠나려고요. 돈을 내고 서비스를 누려보겠다는 관광객의 시선을 거두고, 또 다른 사회의 문화와 역사를 배우고 자연을 이해하며 주민들의 삶 속으로 들어가고자 하는 '공정한' 여행자의 시각을 갖추고자 합니다.

포그는 배와 기차를 이용해 비슷한 위도대를 돌아 빠듯하게 여행했지만, 우리는 21세기에 살고 있으니 더 많은 지역을 여유롭게 여행할 수 있어요. 시간 단축을 위해 국가 간 이동은 비행기를 이용하겠지만, 한 국가 안에서는 기차와 지하철도 타고 버스나 배도 이용하고, 무엇보다 구석구석 걸어 다니며 오감으로 느껴볼 생각이랍니다.

즐겁고 신나는 여행을 위해 지리쌤들이 뭉쳤다

'지리쌤과 함께하는 80일간의 세계 여행'은 처음에 초중고 교사들을 위한 연수로 기획되었어요. 오늘날에는 세계화 시대를 살고 있는 아이들에게 글로벌 이슈에 대한 이해와 국제적 감각을 익히게 하는 일이 정말 중요해졌지요. 하지만 초중고 선생님들이 사회 및 지리 시간에 '세계지리'를 가르치는 일은 쉽지만은 않았어요. 실제 가보지 못한 지역을 인터넷과 책에서 배운 지식으로 가르쳐야 하는 두려움이 컸기 때문이죠. 이런 두려움을 날려버릴 수 있도록, 여행을 떠난 것처럼 즐겁고 신나는 연수를 만들어볼 수는 없을까, 하는 고민에서 열한 명의 지리쌤들이 뭉쳤답니다.

자신이 다녀온 나라를 나누어 맡았고, 여러 차례 모여 연수의 방향, 내용을 토의하며 아이디어를 공유했어요. 포그가 도전했던 '80일간의 세계 일주'처럼 지리쌤들과 80일 동안의 세계 일주를 해보기로 한 거예요. 그래서 준비하는 데 1일, 각 나라마다 3일을 배정했고, 마무리 정리를 하는 데 1일을 더해 80일의 여행 계획을 세웠답니다. 베트남과 캄보디아는 묶어서 3일, 인도와 아르헨티나, 오스트레일리아는 6일 동안 여행하기로 한 걸 예외로 하고요. 한 나라에 사흘이라니 빠듯할 수도 있겠지만, 많은 나라를 가보는 것이 좋을 것 같아 부지런히 움직이기로 의견을 모았어요. 세계 각 나라에 대한 이야기를 지리와 기후, 역사, 문화, 그들의 삶을 이해하는 것에 초점을 맞춰 소개했고, 이를 통해 세계지리 내용의 이해는 물론, 세계 여행에 대한 자신감, 더 나아가 다양한 도전으로 연결되길 기대했지요.

처음 연수를 기획할 때만 해도 이런 여행 소개가 연수가 되겠냐며 회의적인 시각이 많았어요. 세계 여행이 연수로는 처음이었고, 새로운 도전이었거든요. 하지만 우려와는 달리 입소문을 타고 2014년 한 해 동안만 12,580명의 선생님들께서 직무연수를 선택해주셨고, 지금껏 16,000여 명의 선생님들께서 '지리쌤과 함께하는 80일간의 세계 여행' 을 다녀왔습니다.

행복한 세계 여행 경험, 우리 아이들과도 나누고 싶다

"세계를 보는 시선을 넓혀준 유익한 연수!"

"방학 중이면 훌쩍 해외로 떠나는 많은 쌤들이 마냥 부러웠던 저에게 헛헛함을 달래주는 가뭄 속 단비 같은 연수."

"해외여행 하면 유럽의 멋진 건축물과 미술품만 떠올렸는데 이제는 미처 알지 못했던 나라에도 관심을 갖게 되었어요."

"공정여행도 인상 깊었어요. 학생들에게도 이 점은 꼭 주의시켜야겠다고 다짐했어요."

"이미 세계 일주를 한 듯한 느낌, 최고로 행복했던 연수."

"미래의 주역이 될 학생들의 꿈과 희망을 키우는 데 도움이 되도록 열과 성을 더 기울여야겠다고 다짐했습니다."

등등 전국의 선생님들이 적어주신 후기는 지리쌤들에게 진한 감동과 용기를 주었어요. 이 기회를 빌려 고마운 마음을 전하고 싶네요.

특히 "여행이나 답사에서 느끼고 깨달은 모든 것이 삶의 소중한 지표가 될 수 있도록 여러 계층에 알려지는 연수로 거듭나기를 바란다"는 의견이 많았고요, 또 집에서 자녀들과 함께 보았다며 아이들이 재밌어 한다는 후기도 많았어요. 지리 교사로서 보고 느낀 것을 전국의 선생님들과 나누고 싶다는 소박한 마음으로 시작한 연수였는데, 지리쌤 열한 명의 해외여행 경험이 수많은 선생님들에게 다양한 간접 경험을 제공할 수 있음을 깨달았답니다.

이처럼 공유의 힘을 믿게 된 지리쌤들은 미래를 살아갈 아이들과도 이 경험을 함께 나누고 싶다는 꿈을 갖게 되었어요. 그러던 중 폭스코너 출판사의 도움을 받아 연수 콘텐츠를 수정하여 누구나 함께 읽을 수 있는 책으로 펴내게 되었습니다.

이 책을 읽는 분들의 마음에 '두근거리는 여행 계획'과 '소중한 장소의 추억'이 아로새겨지길 바라며, 용기를 내어 한 걸음을 또 내딛습니다. 무엇보다 이 책을 읽는 청소년들이 세계로 나아가는 데 주저함이 사라지고, 지구촌 구석구석의 일들이 내 이웃의 일들로 여겨지면 좋겠습니다. 21세기를 살아가는 진정한 지구촌의 시민으로서 배려와 존중을 바탕으로 낯선 세상을 향해 성큼성큼 걸어나가 꿈을 펼쳐내길 기대합니다.

2부

앵글로색슨의
색채가 짙은 대륙,
북아메리카

5부

남태평양의
다채로운 섬들,
오세아니아

세계 여행 경로

게이랑게르 피오르
송네 피오르
베르겐
노르웨이
하르당게르 피오르
오슬로
에든버러
영국 셰필드
런던
맨체스터
스위스 취리히
루체른
인터라켄
스페인 바르셀로나
그라나다 그리스
세비야
론다
아테네
산토리니 섬

기자 카이로
이집트
아스완

케냐
동아프리카
대지구대
나이로비
마사이마라 국립공원

요하네스버그
남아프리카공화국
스텔렌보스
케이프타운
희망봉

대서양

룸비니
포카라
카트만두
치트완 국립공원
델리
네팔
아그라
메갈라야
바라나시
다카
인도
치타공
콜카타
방글라데시
하노이
뭄바이
순다르반
야생동물보호구역
베트남
아우랑가바드
캄보디아
시엠레아프
메콩강
톤레사프 호수
싱가포르

베이징
중국
대한민국 교토 일본
서울 도쿄
상하이
오사카
나가사키

인도양

오스트레일리아
쿠란다
케언스
앨리스
스프링스
울루루
시드니
캥거루 섬
멜버른
애들레이드
로른
와남불
그레이트 오션 로드

1부

검은 진주의 땅에 사랑을 묻다, 아프리카

이집트

쿠푸의 피라미드
카프레의 피라미드
멘카우레의 피라미드
이집트 박물관

지중해

요르단

기자　카이로
사카라의 피라미드　사카라

사우디아라비아

리비아

나세르 호수　아스완
아부심벨　나일로미터
아스완하이 댐

아부심벨 신전

수단　나일강

홍해

1

Egypt

피라미드와 나일강의 나라, 이집트

📍 《지리쌤과 함께하는 80일간의 세계 여행 - 아시아·유럽 편》에서는 아시아의 일본을 시작으로 유럽의 그리스까지 13개 나라를 돌아보았죠. 이제 새로운 대륙, 아프리카에 도착했어요. 가장 먼저 여행할 나라는 이집트랍니다. 피라미드와 스핑크스, 파라오 등으로 유명한 이집트는 호기심을 불러일으키는 나라이긴 하지만, 막상 와보기는 쉽지 않은 곳이죠. 그래서 지리쌤이 준비했답니다. 지금부터 쌤과 함께 피라미드와 스핑크스뿐만 아니라 나일강도 둘러보기로 해요. 참, 이집트를 여행할 때 여름옷만 준비했다가는 낭패를 볼 수 있어요. 일교차가 상당해서 해가 지면 춥기까지 하거든요.

카이로(Cairo)에 들어서면 가장 먼저 만나게 되는 게 매연이에요. 카이로의 매연은 낡은 자동차와 많은 인구도 원인이겠지만, 건조한 기후 탓도 있어요. 비가 오지 않기 때문에 더러운 게 자연적으로 씻겨 내려갈 기회가 없겠죠. 상황이 이러니 매연은 잊어버리고 카이로를 만끽하자고요. 우선 '이집트 박물관'부터 구경해볼까요? 이집트문명에 대해 이곳보다 더 잘 알 수 있는 곳은 없을 거예요.

　세계에서 모인 사람들로 이집트 박물관은 언제나 북적인답니다. 박물관 정원에는 연못이 있어요. 그 연못에 파피루스(papyrus)라는 갈대와 우리나라에서도 볼 수 있는 연이 있죠. 파피루스는 페이퍼(paper)의 어원인데요, 파피루스의 껍질을 이용해서 종이를 만들었기 때문이에요. 옛날 이집트가 '상 이집트'와 '하 이집트'로 나뉘어 있을 때 파피루스는 하(lower), 연은 상(upper) 이집트를 상징했다고 해요.

카이로의 자동차와 마차

이집트 박물관

고대 이집트인들은 자신들 문명의 원천이었던 나일강 유역을 따라
전 국토를 상·하 이집트 두 지역으로 나눠 이해했는데요, 상 이집트는
남쪽의 나일강 계곡 지역, 다시 말해 나일강 상류지역을 의미하고, 하
이집트는 북쪽 하류의 삼각주 지역, 즉 오늘날의 카이로와 알렉산드리

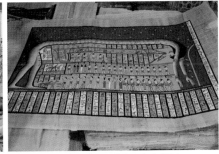
식물 파피루스와 그 식물로 만든 종이 파피루스

이집트 파라오의 왕관

아, 기자나 사카라 지역을 말해요. 상하의 구분은 지역뿐만 아니라 사회, 문화, 정치에도 적용되는데, 최초의 파라오가 두 이집트를 통일한 후에 두 지역 경계인 멤피스에 수도를 세운 것만 봐도 알 수 있답니다. 또한 이집트 전역을 지배했던 파라오들은 '두 땅의 지배자'라는 칭호를 갖고 있었고, 그들이 썼던 왕관은 상·하 이집트의 왕관을 포개어 넣은 형태를 취하고 있어요. 그리고 신전의 기둥은 연과 파피루스 모양을 섞어서 건축하기도 했고요

신전의 기둥에 보이는 연과 파피루스 조각

사막 한가운데를 관통하는 나일강이 만들어놓은 자연경관의 차이에서 지역을 구분하기도 해요. 고대 이집트인들은 그들이 살아가는 나일강 유역의 비옥한 지역을 '검은 땅'이라 부르며 찬미했고, 검은 땅 너머의 황량

검은땅

붉은땅

한 곳은 '붉은 땅'이라고 해서 죽음과 동일시했다고 해요. 그곳을 파괴와 혼돈의 신인 세트의 땅으로 믿었죠. 사막이 붉은 땅에 해당하고 박물관이 위치한 이곳 도시는 검은 땅인 셈이죠.

　박물관에는 카메라를 가지고 들어갈 수 없어요. 그러니 눈으로 잘 관찰해야 한답니다.

📍 이집트 박물관(Egyptian Museum)

카이로 타흐리르 광장(Tahrir Square)에는 조금은 평범해 보이는 갈색 건물이 하나 있습니다. 하지만 출입문을 지나 아담한 정원에 들어서는 순간 누구나 감탄하게 되죠. 역사책에서만 보았던 유물들이 가득하기 때문이에요. 전시장에 있어야 할 것 같은 유물들이 정원에 빽빽이 전시되어 있는 이곳이 바로 이집트 박물관이랍니다. 이곳에는 5000년이 넘는 역사를 자랑하는 이집트의 주요 유물들이 전시되어 있어요. 여러 개의 미라를 보관하고 있는 전시실을 비롯해 황금 마스크로 유명한 투탕카멘 전시실, 이집트 역사상 가장 유명한 파라오인 람세스 2세 전시실 등 100곳이 넘는 전시 공간으로 구성되어 있고, 전시 작품은 10만 점이 넘는답니다. 한마디로 이집트의 역사와 문화를 한곳에서 볼 수 있는 유일한 장소죠.

파피루스(papyrus)

파피루스는 고대 이집트에서 처음 사용하기 시작한 종이예요. 중국의 종이 만드는 기술이 서양에 전해지기 전인 8세기까지 5000년 동안이나 서양에서 문자를 기록하거나 그림을 그리는 데 사용되었죠. 파피루스는 키가 큰 '파피루스'라는 줄기 식물을 잘라 흙탕물에 담근 다음, 서로 겹쳐놓고 나무망치로 두드려서 만든 거예요. 식물 파피루스는 다양한 용도로 사용되었어요. 두꺼운 껍질은 배의 돛을 만들 때 썼고 바구니와 신발을 만들거나 땔감으로 사용하기도 했죠. 하지만 뭐니 뭐니 해도 종이로 사용한 것이 가장 중요한 용도였답니다. 이집트에서 사용하던 파피루스는 오늘날의 종이만큼 부드럽지는 않았지만 가벼워서 두루마리로 만들어 가지고 다니기에 무척 편리했어요. 그래서 많은 나라가 파피루스를 구입하고 싶어했죠. 이집트에서는 국가 차원에서 파피루스를 만들었고, 개인이 만들어

파피루스 모양의 기둥이 서 있는 알렉산드리아 도서관

거래하는 것은 금지했어요.

파피루스로 만든 최고의 물건은 바로 책이에요. 이집트는 말할 것도 없고 훗날 서양을 지배했던 그리스, 로마도 파피루스가 없었다면 오늘날 우리가 알고 있는 기록을 남기지 못했을 거예요. 파피루스를 차지하기 위해 당시 여러 나라에서 전쟁까지 할 정도로 그 경제적인 가치가 대단했답니다.

피라미드의 구성 암석과 로제타스톤

이제 나일강을 한번 건너볼까요? 이곳이 바로 나일강인데요. 좀 더 좁긴 하지만 유람선도 많고 한강이랑 비슷해 보이기도 해요. 카이로의 주요한 건물들은 나일강을 건너기 전에 다 있는 것 같고 나일강을 건너오면 한산해진 느낌이 들어요. 이집트 사람들은 태양이 나일강 동쪽에서 떠서 서쪽으로 지는 것을 탄생과 죽음의 윤회적 반복이라고 믿었기 때문이랍니다. 그래서 나일강을 경계로 해 뜨는 동쪽에는 도시와 신전을 짓고, 해가 지는 서쪽에는 무덤을 만들었죠. 그래서 피라미드를 비롯한 무덤들은 나일강 서쪽에 위치해 있답니다. 룩소르(Luxor)에 있는 파라오들의 무덤인 '왕들의 계곡'도 마찬가지죠. 룩소르는 옛날 이집트 수도였

나일강

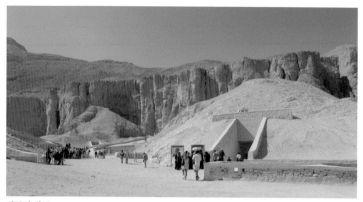

왕들의 계곡

던 테베 근처의 지역인데, 우리나라로 치면 경주나 부여 같은 곳이라고
할 수 있을 거예요. 노천박물관 같은 룩소르 신전, 카르나크 신전(Temple
of Karnak)뿐만 아니라 왕가의 무덤이라는 파라오의 무덤이 많은 곳이랍
니다. 모두 나일강 서쪽에 자리 잡고 있죠.

　드디어 기다리던 피라미드를 볼 차례예요. 막상 눈앞에서 보면 정말
대단하답니다. 기자(Giza)의 3대 피라미드는 세계 최대의 건축물로서
'쿠푸', '카프레', '멘카우레'의 피라미드라고 불려요. 현재의 높이가 137
미터(원래 높이는 약 146.5미터)라고 하니까 1층을 3미터씩 잡아서 계산해도
얼추 40층도 넘는답니다. 높이뿐만 아니라 둘레도 굉장한데요, 정사각
형인 피라미드 밑변의 길이가 230미터씩이거든요. 축구 경기장이 보
통 110미터×90미터니까 네 개가 넘는 면적이 되는 거죠. 저렇게 돌을

기자의 3대 피라미드

쌓아서 만든 것도 대단하지만, 그 옛날에 돌의 크기나 높이를 똑같이 해
서 만들었다는 점에는 정말 감탄이 절로 나와요. 평균 2.5톤의 돌을 약
230만 개나 쌓아올려 만들었고, 기단부의 돌은 15톤이 넘는다고 해요.

　이제야 피라미드에 대한 이집트 사람들의 자부심을 알 것 같아요. 이
집트의 신분증을 봐도 밑바탕 그림이
피라미드와 스핑크스거든요. 또한 이
집트의 가장 고액권인 100파운드짜리
지폐에도 스핑크스 그림이 들어가 있
고요.

　그렇다면 피라미드를 만들 때 쓰인
돌은 어떤 종류의 것일까요? 바로 퇴적
암 중 하나인 석회암이에요. 이 돌은 바

신분증과 지폐에 그려진 스핑크스

스핑크스

다에서 퇴적된 것으로, 스핑크스의 무게를 지탱하고 있죠. 더군다나 이집트는 건조지역이잖아요. 그래서 빗물에 용식되는 석회암을 써도 비가 적게 와서 괜찮았던 거죠. 수많은 돌을 운반하는 일은 농사철이 아닌 시기에 여유 노동력을 활용했다고 해요.

농사 이야기가 나왔으니 말인데, 이집트 같은 건조지역에서도 농사를 지을 수 있었을까요? 답은 예스. 나일강도 수량이 적을 때가 있고 많을 때가 있는데 이는 적도 부근의 강수량 차이 때문이에요. 아이러니하게도 수량이 적을 때 농사를 지을 수 있었고,

석회암으로 이루어진 피라미드

피라미드

피라미드 내부 중 일부

많을 때는 홍수가 일어나 농사짓기가 어려웠지요. 하지만 그 홍수 덕분에 토양이 비옥해졌다고 해요. 또 이집트는 천문학이 발달해서 홍수가 일어날 때를 정확하게 예측할 수 있었다고 하네요.

피라미드가 처음부터 컸던 건 아니라고 해요. 초기의 피라미드는 사카라에서 볼 수 있는데, 이제 그쪽으로 가볼까요?

📍
쿠푸(Khufu) 왕의 태양범선

1954년 피라미드 지역을 조사하던 고고학자들은 쿠푸 왕의 피라미드 남쪽 지역에서 매우 특이한 지하 동굴을 발견했어요. 동굴은 잘 가공된 규칙적인 돌로 덮여 있었는데, 무거운 돌을 들어내자 나무와 밧줄 등 배와 배를 움직이는 데 쓰이는 도구들이 정리되어 있었죠. 동굴 안 유물들을 조심조심 발굴하여 조립한 학자들은 이 유물이 쿠푸 왕의 태양범선이라는 사실을 알아냈답니다. 이것은 현재 발굴 현장에 세워진 박물관에 전시되어 있는데, 3층으로 이루어진 박물관에는 당시 모습을 담은 사진과 현장에서 발견된 여러 물건들도 같이 진열되어 있어요. 길이 42미터, 폭 5미터에 달하는 태양범선은 앞뒤 뱃머리가 대칭을 이루고 중간에 지붕이 덮여 있는 선실을 갖추고 있죠. 고대 이집트 벽화와 무덤에 그려진 채색 벽화 속 배의 모습이 아주 비슷해요. 특이한 점은 쿠푸 왕의 태양범선은 단 하나의 못도 사용하지 않고 만들어졌다는 거예요. 오직 나무와 식

물성 섬유로 만든 밧줄만 써서 배를 만들었죠. 쿠푸 왕의 태양범선은 실제 사용되었는지, 용도가 무엇인지는 밝혀지지 않았어요. 약 4500년 전에 왕이 사후 세계를 항해할 수 있도록 만든 것이라고 추측하고 있을 뿐이랍니다.

📍
피라미드 파노라마

이집트의 피라미드를 이야기하자면 가장 먼저 떠오르는 곳이 바로 기자 지역에 우뚝 서 있는 세 개의 거대한 피라미드입니다. 이것을 더욱 멋지게 감상할 수 있는 방법이 두 가지가 있는데 소개해볼게요.

하나는 태양이 떠오르기 전에 건물 옥상에 올라가 아침 햇살에 모습을 드러내는 붉은 피라미드를 감상하는 거예요. 여러 번 기자에 와보고 나서 알게 된 건데요, 세 개의 피라미드를 볼 수 있는 곳에 숙소를 잡고 이른 새벽에 옥상에 올라가서 감상하면 그야말로 장관이랍니다. 또 하나는 오후에 피라미드 유적지 뒤쪽 언덕에 올라가 감상하는 거예요. 근처에 숙소 잡기가 어려울 때는 이 방법을 쓰는 게 좋죠.

피라미드를 감상하는 데 최고로 꼽히는 서쪽 언덕은 '피라미드 파노라마'라고 불리는데, 아주 넓어서 아무리 많은 사람들이 올라가도 피라미드를 보는 데는 문제 없답니다. 여기에 서면 이집트의 수도 카이로까지 눈에 들어와요. 여름이라면 사막의 강렬한 태양빛을 반사하는 피라미드와 사막의 이글거리는 열기를 확인할 수 있고, 겨울이라면 부드러운 저녁 해에 물든 붉은 피라미드를 만날 수 있어요. 기자의 피라미드를 감상했다면 낙타를 타고 유적지를 빠져나오는 것도 좋은 여행법이에요. 낙타에 몸을 싣고 피라미드를 감상하면 또 다른 기분이 들거든요.

낙타를 타고 바라보는 피라미드

사카라(Saqqara)의 피라미드는 작아 보여요. 아마 큰 피라미드를 기자에서 보고 왔기 때문일 거예요. 하지만 사카라의 피라미드가 더 오래전에 만들어진 거랍니다. 기자와 다른 점은 규모뿐만 아니라 계단식이고 돌도 작은 걸 사용했다는 점이죠.

사카라의 피라미드

여기서 잠깐, 재밌는 이야기 하나 들려줄게요. 고대 이집트의 상형문자를 '피라미드텍스트'라고 해요. 그럼 이 상형문자를 어떻게 해석했는지 알고 계세요? 1799년 알렉산드리아의 로제타에서 현무암에 새겨진 비석을 발견했어요. 그 비석에는 똑같은 내용이 그리스어, 이집트 상형

상형문자로 된 피라미드텍스트

로제타스톤의 히에로글리프

문자, 이집트 대중언어 이렇게 세 가지로 새겨져 있었어요. 그래서 상형문자를 해석하게 되었죠. 그 상형문자를 '히에로글리프(hieroglyph)'라고 하는데, 이 로제타스톤으로 인해 고대 이집트문명을 비로소 이해하기 시작한 거랍니다. 이집트 기념품을 살 생각이라면 상형문자로 된 자기 이름의 팔찌나 목걸이를 추천해드려요.

다음 코스는 '아스완(Aswan)'이에요. 카이로에서 대략 900킬로미터 떨어져 있어 14시간 정도 걸리는데 그곳으로 가볼까요? 침대열차를 타고 가면 더 낭만적이랍니다.

아스완에서 만나는 나일강의 매력

맨 먼저 둘러볼 곳은 나일강이 아니라 나일강 바로 옆인데요, 나일강의 물을 끌어들여서 농경에 활용하는 관개수로랍니다. 홍수가 나기 전에 미리 수로를 만들어서 물을 그쪽으로 흘러가게 하고 이후 농사짓는 동안에 물을 빼서 쓰는 거죠. 나일강 주변에는 이처럼 수로가 곳곳에 발달되어 있어요. 그러니까 나일강의 물이 닿는 곳까지만 농경지인 거고, 이 수로의 물이 공급되지 않는 지역은 바로 사막이랍니다.

나일강 주변에서는 푸른색으로 가득 차 있던 경작지가 한순간에 황량한 사막으로 뒤바뀌는 놀라운 장면을 목격할 수 있어요. 이것이 바로 삶의 공간에서 죽음의 공간으로 경계를 넘어서는 거예요. 앞에서 말한

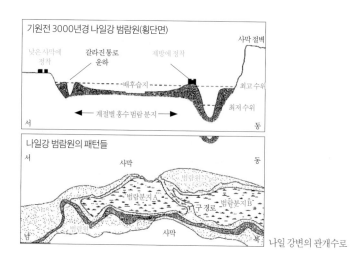

기원전 3000년경 나일강 범람원(횡단면)

사막 절벽

낮은사막에 정착 　갈라진통로 운하 　제방에 정착

서 　 동

배후습지

최고 수위

최저 수위

← 계절별 홍수 범람 분지 →

나일강 범람원의 패턴들

서 　 사막 　 동

범람원

범람분지 A 　 범람분지 B

구 경로

범람원

남 　 사막 　 북

나일 강변의 관개수로

검은 땅과 붉은 땅, 기억하시죠? 나일강의 은총으로 생명이 넘쳐나는 푸른 대지와 풀 한 포기 나지 않는 적막한 붉은 사막! 고대로부터 지금

붉은 땅과 검은 땅의 경계

대추야자

껏 변함없이 이집트를 이루고 있는 이 두 종류의 대지를 고대 이집트인
들은 각각 '검은 땅(kmt)', '붉은 땅(dsrt)'이라고 불렀고, 이 두 공간에 삶
과 죽음을 대입시켰던 거예요. 그래서 이집트는 나일강의 선물이라고
할 수 있죠.

관개수로뿐 아니라 우리나라에서도 볼 수 있는 댐과 보, 양수시설 등
도 있어요. 나일강으로부터 먼 지역에서는 지하수를 퍼 올려 물을 공급
하기도 하는데 이게 바로 오아시스예요. 자연적으로 생긴 샘도 있지만
최근에는 관정 기술이 발달해 지하수를 끌어올리기도 해요. 참, 오아시
스에서는 대추야자를 많이 재배해요. 대추야자는 대추같이 생겨서 붙
은 이름이지만 대추 맛이 아닌 말린 감 같은 맛이 나죠. 우리가 생각하
는 대추나무와는 다르답니다.

나일강은 우리나라 강과 달리 범람하면 오히려 농사짓기에 더 좋다
고 해요. 나일강 주변은 건조지역이라 나무나 풀이 없어서 그 이파리로
만들어지는 유기물의 공급이 안 되는 곳이죠. 그런데 나일강이 범람한

나일강의 범람 덕분에 발달한 농사

후 물이 빠지면 상류로부터 운반되어온 유기물이 남게 돼서 토지가 비옥해지고, 건조한 탓에 생기는 염분도 제거되는 거예요. 게다가 워낙 햇살이 좋은 곳이니 농사가 잘될 수밖에 없고요.

나일강의 상류지역은 열대사바나기후 지역인데, 이 기후는 우리가 아는 열대우림기후와는 달라요. 열대우림기후는 1년 내내 많은 양의 비가 내리지만 열대사바나기후는 건기와 우기가 있어 우기 때 비가 엄청 많이 내리죠. 그러니까 나일강이 범람하게 되는 것은 상류인 열대사바나기후 지역의 우기 때문입니다.

그럼, 기차 타고 오느라 피곤했으니 피로도 풀 겸 이번엔 배를 타볼까요? 꼭 요트처럼 삼각돛을 단 배들이 보이죠? 유럽인들이 주로 쓴 사각돛은 바람을 잘 받아들여 속도를 높일 수 있지만 방향을 바꾸기에는 삼각돛이 좋다고 해요. 이 배 이름은 '펠루카(felucca)'라고 하는데요. 아스완에 왔다면 기념으로 펠루카를 꼭 타보세요.

펠루카

배를 타고 계속 가는 건 아니고요, 특별한 걸 보기 위해 중간에 내려 섬으로 올라가볼게요. 좁은 계단 통로가 보이고 그 옆에 무슨 표시가 있죠? 이 표시가 바로 수위표예요. 앞에서 이집트 사람들은 나일강이 범람하기를 기다려왔고 좋아했다고 했잖아요. 그래서 나일강이 어느 정도까지 상승하고 어느

좁은 계단 통로

나일로미터

정도까지 범람하는지 측정할 필요가 있기 때문에 이렇게 수위표를 새겨놓은 거랍니다. 이걸 '나일로미터(Nilometer)'라고 해요. 우리나라에서는 수위가 높아질수록 불안해하는데 이집트는 그 반대라니, 역시 좁은 지식을 넓히고 편견을 깨주는 데는 여행이 최고인 것 같아요. 이렇게 세계 여행을 다니다 보면 다른 나라와 다른 사람들을 이해하게 되고 더 나아가 세계 평화를 바라는 마음이 간절해진답니다.

📍
나일강의 수위표와 신관

아스완은 고대 이집트를 대표하는 무역 도시로, 독특한 유적들을 볼 수 있어요. 그 중 '나일강의 수위표'는 나일강 강물의 양을 측정해서 범람 시기를 예측하는 데 썼던 도구랍니다. 이 수위표는 신관이란 직책을 가진 사람이 관리했다고 해요. 신관은 수위표를 보고 나일강이 범람하는 시기를 예측했다는데, 원래 신관은 신에게 제사를 지내거나 국가의 주요 행사 날짜를 잡는 일을 했죠. 신관은 누구보다 지식이 많고 다양한 분야에서 뛰어난 능력을 가지고 있었어요. 그래서 수위표를 보고 홍수로 나일강이 범람할 시기를 예측하는 일도 했던 거예요.

자, 그럼 이제 '아부심벨(Abu Simbel) 신전'으로 가볼까요? 이집트 파라오 중 전성기를 이끌었던 람세스 2세의 무덤인데, 보러 가려면 아스완에서 출발해야 하죠. 아스완에서 280킬로미터 떨어져 있는 이곳은 테러의 위험이 있기 때문에 관람자들을 다 모아서 경찰의 호위를 받으며 가야 합니다. 사막을 왕복해야 하니 덥기도 할 테고, 아스완으로 다시 돌아와야 하기도 해서 새벽 4시에 출발한답니다. 중간에 휴게소도

아부심벨 신전

아부심벨 신전 내부

없으니 마음의 준비를 단단히 해야 해요.

아부심벨 신전에 도착했어요. 이 신전 역시 바위산을 깎아서 그 안에 만든 것이죠. 3300년 전에 이런 신전을 만들었다니 그저 권력과 건축 기술이 놀라울 따름이에요. 기둥도 멋있고 벽화도 멋지죠. 가장 안쪽에 네 사람이 앉아 있는 게 보이시나요? 신들을 조각한 것인데, 오른쪽 두 번째는 람세스 2세 자신이라고 해요. 그런데 가장 안쪽에 있어서 햇빛 을 받지 못하다가 1년 중 이틀만 빛을 받는다고 하네요. 꼭 동지 때의 일 출 햇빛만 비친다는 석굴암 본존불 같아요.

이 아부심벨 신전은 원래의 것이 아니에요. 1970년에 완공된 아스완

나세르 호수와 이전한 아부심벨 신전

하이 댐(Assuan High Dam)으로 인해 '나세르 호수'가 만들어졌는데요, 당시 대통령이었던 나세르(Nasser)는 나일강의 범람을 조절하고 농업용수를 안정적으로 확보하여 농업 생산성을 높이기 위해 댐을 건설했죠. 또 전력을 생산해 공업화를 통한 근대화를 이루기 위해서이기도 했고요. 그런데 문제는 댐 건설로 인해 주변의 유적, 특히 아부심벨 신전이 수몰되는 거였어요. 그때 유네스코가 나서서 아부심벨 신전을 비롯한 유적들을 구하기 위해 국제적인 캠페인을 벌였다고 해요. 모금뿐만 아니라 좋은 아이디어도 구했죠. 그래서 나온 결론이 신전이 있는 바위산을 1,036개의 블록으로 절단하여 원래의 위치보다 65미터 위에다 고스란히 이전하는 것이었답니다. 지금 보고 있는 신전이 모두 블록을 조립한

블록으로 절단해 재조립한 아부심벨 신전

아스완하이 댐

것이죠. 자세히 보면 금도 보여요. 3300년 전에 만들었다는 것도 신기하고 규모도 놀랍지만 그것을 보존하고자 노력한 인류의 지혜와 기술이 더욱 대단하게 느껴지지 않나요?

아스완하이 댐은 크기도 크기지만 저수용량이 1,620톤에 달한다고해요. 건설 당시에는 세계 최대의 인공 호수였답니다. 골짜기에 만드는 우리나라 댐과 달리 아스완하이 댐은 평지에 만들어져 있어서 훨씬더 커 보여요. 물론 보이기만 그런 게 아니라 실제로도 훨씬 크지만요.우리나라 소양호의 면적이 70제곱킬로미터인 데 비해 나세르 호수는

이집트의 평화로운 풍경

5,000제곱킬로미터나 되거든요. 그렇다면 댐을 만든 보람이 있었을까요? 답은 동전의 양면 같다고 해야 할 것 같아요. 관개용수를 확보하고 전력을 생산하여 산업 발달에 도움이 되는 것도 맞지만 부작용도 생겼거든요. 물이 없던 지역에 바다 같은 호수가 생겼으니 구름이나 강수량이 증가하는 자연현상의 변화도 발생했고, 강이 범람하지 않게 되면서 유기물의 공급이 중단되고 토양 중의 염분도 증가해 토양 비옥도가 떨어지고 염해가 생기기도 했으니까요. 개발과 보전 중 하나를 선택하는 건, 어쩌면 아부심벨 신전을 옮기는 것보다 더 어려운 일일지도 몰라요.

아무튼 이것으로 이집트 여행을 마치겠습니다. 이제 아프리카에 온 게 어느 정도 실감이 나시나요? 그렇다면 다음 여행지, 케냐를 향해 출발해보자고요.

전 세계를 공포에 떨게 한 바이러스의 확산

앵커 2014년 에볼라에 이어, 2016년 지카바이러스가 전 세계인을 공포에 몰아넣고 있습니다. 아프리카 현지 특파원을 연결해 최근 전 세계를 떠들썩하게 만들었던 지카바이러스의 확산 과정을 되짚어보겠습니다.

기자 네, 이 바이러스는 1947년 아프리카 우간다의 지카 숲에서 처음 발견되어 '지카바이러스'라고 불리게 되었습니다. 불과 몇 년 전만 해도 감염 사례가 10여 건에 불과했었는데요, 최근 브라질을 비롯하여 전 세계적으로 유행하게 된 것은 무역과 여행이 활발해지면서 각 대륙을 오고 가는 선박에 의해 지카바이러스를 전파시키는 매개체인 이집트숲모기가 여러 지역으로 확산되었기 때문입니다.

앵커 이집트숲모기의 분포 현황을 보면 특히 열대지역에서 비중이 높군요.

기자 네, 그렇습니다. 이집트숲모기의 성장에 가장 적합한 온도는 20~30도 정도입니다. 기온이 높을수록 번식이 활발해지고, 특히 30도 이상의 온도에서는 알에서 부화해 성체로 성장하는 데 불과 일주일밖에 걸리지 않습니다. 이들 열대지역은 가장 추운 달에도 기온이 18도 이상이며 여름철에는 30도 이상의 고온이 유지되므로 이집트숲모기의 확산에 최적의 기후를 갖춘 셈입니다.

앵커 2014년에는 아프리카에서 에볼라바이러스의 확산도 심각했었죠? 그 이유가 궁금합니다.

기자 역사상 가장 피해가 컸던 최근의 에볼라바이러스 유행은 2013년 12월 서아프리카 기니에서부터 시작되었습니다. 2014년 WHO 발표에 따르면 수만 명이 감염되었으며, 치료를 위해 나섰던 의료진

들마저 감염되어 사망에 이르면서 공포감이 조성되었습니다. 우선 발병지가 국경지역에 근접했기 때문에 기니와 인접한 시에라리온, 라이베리아 등의 국가로 빠르게 전파되었습니다. 게다가 위생 수준이 낮고 의료 환경이 열악해 전염이 급속도로 확산되었습니다. 또한 높은 문맹률과 교육 시설 부족으로 인해 질병에 대해 바르게 인식하고 예방하는 데 실패한 것이 또 다른 원인으로 보입니다.

서아프리카의 에볼라 확산(출처: WHO)

앵커 그밖에 다른 원인이 또 있을까요?

기자 심각한 식량난 또한 한몫을 했습니다. 주민들은 먹을 것을 구하기 위해 숲으로 갈 수밖에 없는데, 이는 바이러스의 매개체로 꼽히는 생물체를 접할 환경으로 이어집니다. 게다가 고유의 문화와 풍습을 수천 년간 이어온 이곳 주민들은 현대의학을 낯설게 여깁니다. 의사들이 질병을 불러온다고 생각해 의료진들이 들어오지 못하도록 길을 막고 다리를 없애는 일도 있

었습니다. 심지어 바이러스에 감염되었다는 사실을 믿지 않거나, 격리가 필요한 환자를 집에서 간호하며 주술적 치료를 행하기도 했습니다. 또 시신을 물로 씻기고 키스를 하는 등 고유의 장례 풍습으로 인해 장례식에 참석했던 사람들이 단체로 발병하는 일도 있었습니다. 이런 재앙이 되풀이되지 않기 위해 국제사회의 다각적인 관심이 절실히 필요합니다. 🌐

—2016년 4월 29일

케냐

남수단공화국

동아프리카 대지구대

에티오피아

우간다

소말리아

나이로비

나이로비 포스크

마사이마라 국립공원

탄자니아

인도양

소와 얼룩말, 사자와 마사이족의 나라, 케냐

📍 케냐야말로 정말 내가 아프리카에 왔구나 하는 느낌이 강하게 드는 나라예요. 밀림에도 가보고 사자도 구경할 수 있거든요. 예전에 모 항공사의 케냐 직항 광고가 TV에 자주 나왔었는데 혹시 아세요? 그 광고를 보고 케냐에 꼭 가보고 싶었는데 드디어 꿈이 이루어졌네요.

아, 아프리카의 낭만을 이야기하기 전에 중요한 사실 하나를 말씀드려야겠어요. 케냐에 오기 전에는 반드시 황열병 예방주사를 맞아야 한다는 사실(약을 먹을 수도 있고요)! 황열병 예방접종 카드가 없으면 케냐에 입국조차 할 수 없답니다. 그러니 꼭 기억해뒀다가 예방접종을 하셔야 해요.

자, 주사도 맞고 준비를 마쳤다면 아프리카다운 아프리카, 케냐의 수
도 나이로비로 출발해볼까요?

📍
황열병과 예방접종 카드

케냐의 우기에 방문하고자 한다면, 더구나 사파리를 돌아보려 한다면 말라리아나
황열병 예방을 위해 약이나 주사를 미리미리 복용 또는 접종해야 해요. 황열병 백
신이 효과를 내기까지는 열흘 이상 걸리기 때문에 출국 열흘 전에는 미리 접종하
는 게 좋아요. 황열병이란 말라리아처럼 모기를 매개체로 전파되는 병으로, 황달
로 피부가 누렇게 되는 증상이 나타나서 황열(yellow fever)이라고 해요. 일반적으로
감기몸살과 같은 증상을 보이다 자연 치유되는데, 15퍼센트 정도가 독성기로 진
행되며 이중 절반가량인 7퍼센트가 사망에 이를 수 있다고 해요. 황열을 전파하는
모기는 주로 아프리카 중남부와 남미에 서식하죠.
여행객 대부분이 입국 공항으로 이용하는 케냐 나이로비 조모 케냐타 공항에서의
입국심사 직원은 황열병 주사를 맞았는지 노란색 카드를 확인하고 나서 여권에
도장을 찍어줘요. 케냐는 황열병의 안전지대에 속하지만 증명서가 있어야 입국할
수 있답니다. 황열병 예방주사는 한 번 맞으면 10년 동안 유효하다고 해요.

케냐 그리고 나이로비

나이로비(Nairobi)는 '찬물이 솟는 곳'이라는 뜻이에요. 나이로비의 공항
에 내리면 적도에 있는 케냐의 날씨가 왜 이리 선선한지 궁금할 거예요.
남북위 5도 안에 있으니 적도에 위치한 건 맞는데, 나이로비가 해발고

지폐에 그려진 조모 케냐타   대법원 앞의 조모 케냐타 동상

도 1,700미터쯤에 위치하기 때문에 기온이 선선한 거죠. 이런 걸 고산
기후라고 한답니다.

그러니까 우리는 북부 아프리카의 이집트에서 동부 아프리카의 케
냐로 이동한 셈이에요. 케냐는 영국의 식민지였다가 1963년 독립한 나
라로, 자동차 운전석이 우측에 있는 것이 그 증거라고 할 수 있어요. 독
립운동가 조모 케냐타(Jomo Kenyatta)가 초대 대통령이에요. 그의 모습은
지폐에서도 확인할 수 있죠. 대법원 앞에 동상도 있고, 공항 이름도 조
모 케냐타 공항이에요.

케냐는 우리나라와 1964년에 수교를 맺었어요. 1963년 12월에 독
립하고 1964년에 수교를 맺었으니 그야말로 속전속결이었죠. 종교는
기독교의 비중이 70퍼센트 이상이고, 이슬람교는 10퍼센트, 그리고 나
머지 종교가 10퍼센트쯤 된다고 해요. 이슬람교의 비중은 높지 않지만,
동아프리카에서 가장 큰 모스크가 나이로비에 있답니다. 물론 이슬람
교가 주축인 북아프리카의 모스크에 비하면 작지만요.

나이로비의 모스크

2011년 1인당 GDP를 보자면 우리나라가 44위일 때 케냐는 167위였어요. 인구는 우리가 5,000만 명일 때 케냐는 4,400만 명쯤이었고요. 국토는 우리나라의 여섯 배쯤 되죠. 경제 발전의 수준을 미루어 짐작할 수 있겠죠? 서울과 비슷한 크기의 나이

모스크 내부

로비는 300만 명이 모여 사는 곳이니만큼 매우 복잡한 도시예요. 교통정체도 심한 데다 교통편이 부족하고 비싸서 많은 사람들이 걸어서 출퇴근을 한답니다.

케냐 하면 생각나는 영화가 있어요. 이제는 꽤 옛날 영화가 되었지만

나이로비의 교통 정체 　　　걸어서 출퇴근하는 나이로비 시민들

요. 로버트 레드포드와 메릴 스트립 주연의 〈아웃 오브 아프리카〉인데

요, 배경음악에 어우러진 아프리카 초원의 풍광이 지금까지도 잊히질

않아요. 여주인공이자 작가인 카렌 블릭센(Karen Blixen)이 살았던 곳도

영화〈아웃 오브 아프리카〉의 배경이 되었던 집

여기 있는데, 지금은 박물관이 되었죠. 52페이지 아래에 있는 사진 속의 집은 영화의 배경이기도 했고, 커피 농장을 하던 집이기 때문에 그때 당시 사용한 농기계들도 전시되어 있답니다.

영화에 대한 간략한 줄거리는 다음을 참고하시고, 이제 그만 마사이족을 만나러 마사이마라로 가볼까요?

♦
아웃 오브 아프리카(OUT OF AFRICA)

시드니 폴락 감독의 1985년 작품이에요. 덴마크 부호의 딸 카렌(메릴 스트립 분)은 친구인 블릭센 남작과 결혼하기 위해 아프리카로 와요. 그녀는 아프리카 생활에 대한 막연한 동경을 가지고 있었죠. 그런데 케냐에서 결혼식을 올린 그들의 현실은 만만치 않았어요. 결혼 생활을 하는 동안 커피 농장 문제로 말다툼이 잦았고, 그러다 남편은 영국과 독일 간에 벌어진 전쟁에 나가버려요.

혼자가 된 카렌은 어느 날 초원에 나갔다가 사자의 공격을 받게 되는데, 그때 데니스(로버트 레드포드 분)에게 도움을 받게 되죠. 이후 두 사람은 가까워지고 사랑하는 사이가 돼요. 남편과 이혼한 카렌은 데니스에게 결혼을 요구하지만 자유롭고 싶은 그는 결혼을 원하지 않았답니다. 결국 카렌은 그곳을 떠나기로 하고 배웅해 주겠다는 데니스를 기다려요. 하지만 돌아온 것은 비행기 추락으로 그가 죽었다는 소식이죠. 데니스의 장례식을 치르고 나서 카렌은 자신이 가진 모든 것을 원주민들에게 나눠줘요. 그리고 쓸쓸히 아프리카를 떠나죠. <아웃 오브 아프리카>는 그해 아카데미 작품상을 비롯해 7개 부문의 상을 휩쓸었답니다.

📍
케냐의 날씨

적도에 걸쳐 있어 해안은 무더운 열대기후이며, 내륙 지방은 고지대로 건조한 기후예요. 1월의 케냐는 우리나라의 겨울과는 다른 풍경이 펼쳐지는데, 눈이 내리지 않으며 날씨 또한 영하로 떨어지는 일이 거의 없답니다. 하지만 1월은 건기여서 일교차가 심해요. 그래서 새벽과 밤에는 매우 쌀쌀하고요, 낮에는 바람만 차갑게 느껴지는 정도죠. 물론 아프리카의 겨울 햇살은 따가워요. 하지만 나무 그늘에라도 들어가 있으면 서늘한 바람에 땀이 금세 말라버린답니다. 이 시기에는 모기도 많이 없어요. 하지만 야생동물들도 적어서 누나 얼룩말로 온 들판이 뒤덮이는 장관은 볼 수 없죠. 그런 장관을 보고 싶으면 남쪽에 있는 탄자니아의 세렝게티(Serengeti)로 가야 해요.

동아프리카 대지구대

"The Great Rift Valley"라고 쓰여 있는 표지판이 보이시죠? 이곳은 바로 지구의 대륙이 어떻게 변화되었는지 알 수 있는 곳이랍니다. 지구 대륙의 변화라니 무슨 얘기냐고요? 아주 오래전에는 대륙이 하나였다는 말 들어보셨을 거예요. '판게아(Pangaea)'라고 하는 건데, 이 판게아가 둘로 나뉘어 '곤드와나 대륙'과 '로렌시아 대륙'이 되었고 그 대륙들이 계속 나뉘어져 현재의 대륙 모양이 되었답니다.

이처럼 대륙들이 나뉘게 된 원인은 뭘까요? 지각은 맨틀의 연약권 위에 떠다니는 여러 개의 판으로 되어 있고, 여러 개의 판들은 경계가

대지구대 표지판

동아프리카 대지구대

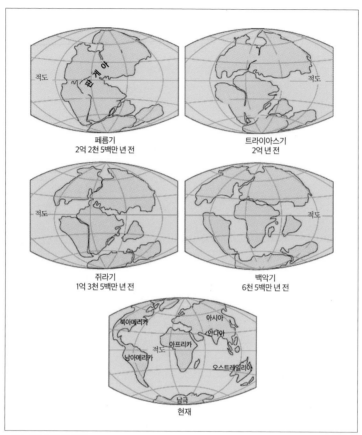

페름기
2억 2천 5백만 년 전

트라이아스기
2억 년 전

쥐라기
1억 3천 5백만 년 전

백악기
6천 5백만 년 전

현재

지구 대륙 모양의 변천

있으며 서로 다른 방향으로 움직일 수 있는데 스치듯 지나치는 판이 있는가 하면, 서로 멀어져가는 판들도 있고, 서로 부딪치는 판들도 있죠. 여기서 서로 부딪치면 깊은 바다나 높은 산맥이 만들어져요. 일본처럼 말이에요. 이걸 '수렴경계'라고 하는데 '알프스-히말라야 조산대'와

판의 발산 경계인 골짜기   사해와 홍해까지 이어지는 골짜기,
동아프리카 대지구대

'환태평양 조산대'가 대표적이죠. 판과 판이 서로 멀어져가는 곳은 '발산경계'라고 해서 엄청 뜨거운 맨틀이 대류를 통해 상승하면서 지각을 찢어버리듯이 벌어지게 만드는 거예요. 그러면 그 맨틀이 지각을 뚫고 지표로 올라오기도 해서 화산을 만들어요. 아프리카에서 제일 높은 산인 킬리만자로도 화산이랍니다.

위의 사진 속 골짜기가 바로 지각이 찢어지듯이 벌어져 생긴 골짜기예요. 이스라엘과 요르단에 있는 사해를 비롯해 홍해도 이 골짜기의 연장선이죠. 이렇게 지각이 갈라진 골짜기를 '지구대'라고 하는데 이곳 규모가 엄청나게 커서 대지구대, 즉 '동아프리카 대지구대'라고 한답니다. 지구대의 높은 곳과 낮은 곳의 차이는 900미터에서 2,700미터이고, 폭도 평균 50킬로미터라고 하니 깊기도 엄청 깊고 넓기도 엄청 넓은 거죠.

이론상으로 보자면 이 골짜기도 점점 벌어지고 있고, 시간이 한참 더 지나면 아프리카 대륙도 갈라진다고 할 수 있어요. 그런 모습을 우리 눈

비행기에서 찍은
동아프리카 대지구대의 일부분

으로야 볼 수 없겠지만, 앞으로 천만 년쯤 지나면 아프리카 대륙이 둘로 나누어질 거예요. 참 신기하죠.

최초의 인류 화석인 오스트랄로피테쿠스 화석도 여기 아프리카 지구대에서 발견되었답니다. 그 말인 즉슨 이 지구대 골짜기가 인류의 이동 통로였다는 거죠. 오스트랄로피테쿠스가 이곳을 지나가는 광경을 상상해보세요. 재미있지 않나요? 어쨌든 이 골짜기를 지나가야 마사이마라 국립공원이 나오니까 이제 골짜기 속으로 출발해봅시다.

골짜기인 지구대에서는 차를 타고 가는데도 맞은편 언덕이 안 보일 정도이니 왜 'Great' 라는 이름이 붙었는지 알고도 남겠어요. 뒷장의 사진 속 우산 같은 나무는 아카시아인데요, 우산처럼 생겼다고 해서 '엄브렐라(umbrella) 아카시아' 라고 불리죠. 이 엄브렐라 아카시아 나무는 기린, 얼룩말, 코끼리와 어울려 케나의 경관을 대표하고 있답니다.

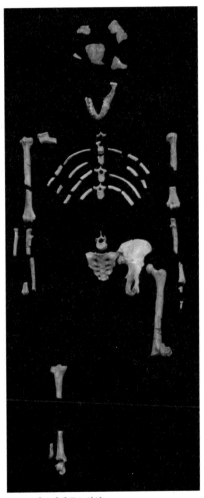

오스트랄로피테쿠스 화석

케냐의 아카시아나무

차에서 내려 오르막길을 올라가 볼까요? 이 대지구대는 낮고 평탄하다가 높고 평탄한 곳을 오르락내리락하면서 가는 거랍니다. 수많은 골

지구대의 화산암

짜기를 통해 수십, 수백 킬로미터를 가는 거예요. 길가의 화산암도 눈여겨보세요. 까맣고 구멍이 많은 것이 꼭 현무암처럼 생겼답니다.

마사이족의 땅, 마사이마라 국립공원

드디어 마사이마라(Masai Mara) 국립공원에 도착했습니다. 여기서는 마사이족을 만날 수 있는데요. 이곳에 오기 전 미리 마사이족이 안내하는 프로그램을 신청해두면 좋아요. 그러면 제일 먼저 마사이족이 환영 인사를 해준답니다. 그 인사법이 아주 독특한데요. 건강과 안녕을 기원하는 뜻에서 노래를 부르며 높이뛰기를 해요. 이런 환영 인사를 받으면 멀리까지 온 피곤이 한번에 풀리는 느낌을 받으실 거예요.

마사이마라는 마사이족의 땅이란 뜻이에요. 이곳 초원에서 마사이족은 소를 키우면서 살아왔어요. 마사이족은 케냐에 25만 명, 탄자니아에 10만 명 정도가 있다고 해요. 초원에는 사자나 표범이 실제로 살고 있고 이런 맹수들은 소와 양, 염소 등을 잡아먹는데요. 그래서 마사이족과 자주 부딪친다고 하는데, 그러다 보니 마사이족에게 성인이란 사자

소를 키우며 사는 마사이족

마사이마라 국립공원

마사이족

환영 인사로 높이뛰기를 하는 마사이족

마사이족과 불가분의 관계인 사자들

와 싸워 이길 수 있는 사람을 뜻하고 사자를 잡는 게 성인식이라고 합니다. 그래서 외부 사람들에게 마사이족이 용맹하고 사납고 무섭다고 소문이 난 모양이에요.

붉은색 망토를 걸치고 생활하는 마사이족 사람들

1940년대만 해도 아프리카에 약 45만 마리의 사자가 살았다고 하는데, 지금은 약 2만 마리뿐이에요. 사자는 고양잇과 동물로는 유일하게 외모만으로 암컷과 수컷을 구별할 수 있죠. 사자들이 붉은색을 싫어하는 관계로 마사이족들은 붉은색 망토를 걸치고 생활해요. 물론 사바나의 건기는 사막 같아서 그늘이 지거나 밤이 되면 춥기 때문에 망토를 걸쳐야 하는 이유도 있고요.

아무튼 여기까지 왔으니 야생의 사자를 안

만나볼 순 없겠죠? 야생에서 동물을 찾아다니는 것을 '사파리(safari)'라고 하는데, 이때 잊지 말아야 할 점은 꼭 차 안에서 봐야지, 차에서 내리면 절대 안 된다는 거예요. 육식동물들이 가장 활발히 활동할 시간대는 역시 이른 아침과 저녁 무렵이죠. 사냥감을 덮치는 장면이나 식사(?)를 하고 있는 광경이 보고 싶다면 일출과 동시에 관광을 시작할 것을 권해요. 그럼, 마사이마라 속으로 들어가보죠.

📍
사자의 특징

① 사자는 흔히 정글의 왕으로 불리지만 사실은 초원(사바나)에 살아요.
② 사자를 동물의 왕이라고 말하는데, 이건 꼭 맞는 말은 아니에요. 왜냐하면 코끼리나 물소에게 굴복하거나 죽임을 당하기도 하거든요. 또 하이에나 무리는 혼자 있는 사자를 죽일 수도 있어요.
③ 사자는 24시간 동안 많게는 100번 정도 짝짓기를 한답니다.
④ 사자는 고양잇과 동물 중에서 유일하게 진정한 의미에서의 사회생활을 하는 동물이에요.
⑤ 같은 영역 안에 있는 암컷들은 서로 혈연관계에 있어요.
⑥ 젖을 먹이는 사자는 영역 내의 어떤 새끼 사자에게나 젖을 주죠.
⑦ 사자는 시속 80킬로미터로 달릴 수 있어요.
⑧ 사자는 하루에 20시간까지 잠을 자기도 해요.
⑨ 수사자는 대개 2~4년 정도 영역을 지배해요.
⑩ 암사자만 사냥을 한다고 하지만 수사자도 사냥에 참여하는 경우가 많아요.
⑪ 흰 사자는 있어도 검은 사자는 없어요.
⑫ 수사자는 갈기를 가진 유일한 고양잇과 동물이랍니다.
⑬ 사자는 꼬리 끝에 총채 같은 털을 가진 유일한 고양잇과 동물이에요.

📍

마사이마라 국립공원(Masai Mara National Reserve)

케냐 남서부의 빅토리아 호와 그레이트 리프트 밸리 사이에 위치한 곳으로, 1974
년 국립보호구역으로 지정된 이후 가장 유명하고 인기 있는 공원이 되었어요. 탄
자니아의 세렝게티 국립공원과 국경선에서 인접해 있으며, 면적은 1,800제곱킬
로미터로 제주도와 비슷하답니다. 경비행기나 기구를 타고 사파리를 즐길 수도
있어요. 탄자니아에 속해 있는 북부 세렝게티에서 매년 5~6월이면 누와 얼룩말
등 초식동물들이 이곳 마사이마라 초원으로 이주해왔다가 10월 중순에 다시 돌아
가요. 물론 이 무리를 쫓는 사자 떼와 각종 육식동물들도 모여들어 허기진 배를 채
우며 새끼를 출산하죠. 마사이마라에서는 눈을 돌리는 곳마다 야생동물이 보이기
때문에 굳이 동물을 찾아 나설 필요가 없답니다. 약 450종의 야생동물이 서식하
고 있거든요.

　초원에는 풀이 많으니까 동물들의 먹이 걱정은 없겠죠. 그런데 나뭇
잎을 모두 뜯어 먹힌 나무들은 어떻게 견디는지 궁금하지 않으세요? 마
사이마라 초원의 나뭇가지에는 긴 가시가 많이 난답니다. 아카시아가
대표적인데, 이곳의 아카시아는 우리나라의 아카시아와 달라요. 주로
기린의 먹이가 되는 아카시아는 잎사귀는 작지만 가시는 아주 딱딱하
고 길죠. 긴 가시 사이의 작은 잎사귀를 먹는 기린도 신기하지만, 더 신
기한 건 기린에게 이파리를 먹히면 독성물질을 내보내는 아카시아에
요. 아카시아 나름의 자구책을 마련한 건데, 먹힌 나무뿐만 아니라 그
옆의 아카시아 나무에도 전파되어 그 주변의 아카시아들은 모두 독성
물질을 내보내죠. 그래서 기린은 조금 먹고 옮겨가고 또 조금 먹고 옮겨

66　1부 — 아프리카

다양한 야생동물들의 터전, 마사이마라 국립공원

딱딱하고 긴 가시를 가진 아카시아   사바나 초원

가야 하는데, 이 때문에 기린은 항상 이동하는 것처럼 보이는 거랍니다.

이곳이 적도 부근의 열대지방이니, 숲이 무성한 게 맞을 것 같은데, 이처럼 초원이 펼쳐져 있는 게 신기하죠? 이유는 건기, 즉 비가 너무 안 오는 시기가 있기 때문인데, 우기에 자랄 수 있는 나무들도 건기에 는 견뎌낼 수 없으니 숲이 만들어지지 않는 거죠. 이런 초원을 '사바나' 라고 한답니다.

📍
사바나(savanna) 기후

열대우림기후와 같이 연중 기온은 높지만, 비가 많이 내리는 게 아닌, 태양의 고도 변화에 따라 건기와 우기가 나타나는 기후예요. 우기는 기온이 높고 비가 많이 내 리는 시기로, 지역에 따라 한 번 또는 두 번 나타나요. 이때는 태양이 머리 위에서 뜨겁게 내리쬐고 비가 많이 내려 여기저기 물웅덩이가 생길 뿐 아니라 풀이 잘 자라기 때문에 동물들이 이동해온답니다. 반면 건기는 태양의 고도가 조금 낮아지긴 하지만 햇빛은 여전히 뜨겁고 비가 내리지 않는 시기를 말해요. 풀은 말라버리고 자연 발화로 큰 들불이 나기도 하죠.

특이한 건 마사이족의 마을 모습인데요, 대부분 30여 채의 집이 원형을 그리고 있는 걸 볼 수 있어요. 마사이족이 대가족제도를 유지하고 있기 때문이랍니다. 식구가 늘어날 때마다 집을 짓는데, 마사이족의 가장 중요한 재산인 소를 지켜야 하기 때문에 원형으로 짓는 거죠. 소를 몰고 다니고 또 저녁에는 사자로부터 소를 지켜야 해서 실내 생활이랄 게 별

마사이 마을의 모습

로 없어요. 그러니 방이라는 것도 필요가 없고 집 안도 어둡게 해두고 지내는 거죠. 마사이족의 생활 가운데 가장 힘든 건 바로 '물'을 구해오는 문제예요. 아직까지 상수도가 없으니까요.

물을 길으러 가는 마사이족

　그리고 마사이족은 가축을 몰기도 하고 지팡이처럼 몸을 기댈 수도 있는 '은구디'라는 막대기랑 사자와 싸울 때 쓰는 '오링가'라는 몽둥이, 그리고 '오랄렘'이라고 하는 칼을 가지고 다녀요. 이것만 봐도 사자와 소는 마사이족과 떼려야 뗄 수 없는 동물이란 걸 알 수 있겠죠?

　마사이족은 쇠똥과 재를 이겨서 벽에 발라 만드는 '보마'라는 집에서 살아요. 다행히 냄새는 별로 나지 않아요. 집을 지을 때 먼저 기둥을 세우고 나뭇가지나 옥수숫대를 가로세로로 엮은 다음 쇠똥과 재를 이겨 벽에 발라요. 왜 하필 쇠똥을 사용하는 걸까요? 정답은 소를 많이 기르는 탓에 구하기 쉽고, 소가 풀을 먹고 배설한 똥은 섬유질이 풍부하고 기름기가 있으

은구디와 오링가와 오랄렘으로 무장한 마사이족

마사이족의 집, 보마

보마의 내부

므로 사바나의 폭염과 폭우에도 집의 형태를 잘 유지해주기 때문이에요. 더욱이 사자나 치타, 표범 같은 아프리카의 맹수들은 무리에서 떨어진 초식동물을 집중적으로 공격하는데 쇠똥으로 집을 지으면 엄청난 소 떼가 모여 있는 걸로 착각해 공격하지 않는답니다.

한 가지 더 흥미로운 사실이 있어요. 이곳의 마사이족들도 휴대폰을 사용하고 있다는 거예요. 휴대폰을 사용한다는 점만 빼면 그 외의 생활은 예전과 거의 변함이 없다고 해요. 마사이족이 휴대폰을 쓰는 모습은 상상이 잘 안 되지만, 이들도 문명의 혜택을 받아야 하는 사람들이니 당연하다면 당연한 일이겠죠. 하지만 마사이족의 전통은 그들만의 전통이 아닌 인류의 전통이니만큼 잘 유지·계승되었으면 좋겠어요.

여기까지가 케냐 여행이었고요. 이제부터는 아프리카 남단에 위치한 남아프리카공화국으로 가볼까요. 아프리카에서의 마지막 여행이니 즐거운 마음으로 출발해보죠.

📍
사파리 여행 시 준비물과 주의사항

케냐는 열대지방이지만 몸바사를 제외하고는 대부분 고원지대이므로 밤에는 꽤 추워요. 따라서 바람막이, 카디건 등 두꺼운 옷을 준비해가는 것이 좋아요. 사파리 투어 시 재킷 하나쯤은 챙겨 가고 세면도구와 일용품, 쌍안경과 선글라스는 필수적으로 준비해야 해요. 그리고 야생동물들이 언제 공격할지 모르니 차에서 내릴 때는 주의해야 하고요. 상비약과 벌레나 모기를 막아주는 스프레이식 방충제, 손

전등, 양초도 준비해 가는 것이 좋아요. 현지에서 사면 질도 떨어지고 바가지 쓸 염려도 있거든요. 나이로비 지역은 말라리아 예방약을 복용할 필요는 없으나 말라리아모기가 출현하므로 모기장을 꼼꼼히 살피는 등 모기에 물리지 않게 신경 써야 해요. 그리고 몸바사 등 저지대로 여행할 때는 예방약을 꼭 복용해야 한답니다. 일정에 킬리만자로가 포함된 경우에는 등산 장비를 준비하세요. 부피가 큰 것은 임대가 가능해요. 고산병에 걸릴 위험이 있으므로 가이드의 충고를 잘 따르는 게 좋습니다. 케냐는 동물의 왕국으로 알려져 있는 만큼 전 국토가 동물보호구역이에요. 출국 시 동물 박제품, 상아 제품을 소지하고 있다면 큰 수모를 당할 수도 있기 때문에 주의해야 해요. 도난 사고에 대해서는 항상 주의하고 철저한 대비를 하는 게 좋답니다.

천진난만한
케냐의 아이들

남아프리카공화국

짐바브웨

나미비아

보츠와나

대서양

모잠비크

힐브로 타워
소웨토 지역
헥터 피터슨 박물관
아파르트헤이트 박물관

요하네스버그

인도양

테이블 마운틴
디스트릭트 식스 박물관
보캅
시그널 힐
따마 아프리카
희망봉 투어

로벤 섬

케이프타운 스텔렌보스

베르그켈더 와이너리
보락 광장

희망봉

후트 만
보울더 해변
두이커 섬(물개 섬)

Republic of South Africa

아프리카 남단에서 희망을 꿈꾸는 남아프리카공화국

📍 '무지개의 나라'에 오신 걸 환영합니다. '무지개의 나라'라니, 무슨 말이냐고요? 남아프리카공화국의 별칭이 바로 '무지개의 나라'거든요. 다양한 인종과 민족들이 어울려 사는 것을 상징하는 표현이죠. 처음 사용된 건 1994년 선거에서 남아프리카공화국 최초의 흑인 대통령인 넬슨 만델라가 선출되면서예요. 아파르트헤이트 정책으로 얼룩진 남아프리카공화국에 용서와 화해의 상징으로 등장한 표현이죠. 그 이전까지는 남아프리카공화국 하면 가장 먼저 떠오른 말이 '아파르트헤이트(Apartheid, 인종차별 정책과 제도)'였어요. 정권을 주도했던 백인 보어인들의 언어로 '분리'라는 뜻이랍니다. 아프리카에 정착한 네덜란드계의 후손

인 보어인들은 스스로를 아프리카인이라는 의미로 '아프리카너'라고 불렀는데, 그렇게 스스로를 아프리카인으로 자리매김하면서도 오래전부터 살고 있던 흑인 원주민들과는 구분되고 싶었던 거죠. 참 아이러니하다고 할까요. 아무튼 그런 탄압과 차별의 역사 속에서 화합과 용서의 가치를 끌어낸 지금의 남아프리카공화국을 둘러보려고 해요.

황금의 도시, 요하네스버그

첫 번째 도시는 '요하네스버그(Johannesburg)'예요. 평균 해발고도 1,900미터의 내륙고원으로 높고 평평한 도시죠. 곳곳에서 노천광산을 볼 수 있어요. 남아프리카공화국에서는 광산업이 매우 중요한 산업이에요. 금, 다이아몬드, 우라늄, 백금, 석탄, 철광석 등 다양한 광물들이 산출되고 있죠. 특히, 요하네스버그는 1886년 금광이 발견된 후 급속도로 성장해서 오늘날 남아프리카공화국 최고의 상공업 도시가 되었답니다. 그래서 별명도 화려하게 '황금의 도시'예요.

요하네스버그의 주택가는 아프리카의 주택가라기보다는 마치 미국의 주택가 같답니다. 도로 구획이 잘되어 있고 녹지도 많죠. 특히, 외곽의 주택가는 상류층들이 모여 사는 곳이라 더더욱 그렇고요. 원래 금광 개발 초기엔 백인들만 요하네스버그 시내에 거주할 수 있었다고 해요. 흑인들은 요하네스버그 바깥의 농촌지역에 거주하거나 광부인 남자들

에 한해서만 광산 근처에서 막사 생활이 가능했고요. 지금은 오히려 도심이 슬럼화되어서, 도심에 살던 백인들은 외곽으로 옮겨가 쾌적한 환경을 조성해 살고 있죠.

요하네스버그로 여행을 오면 도심보다는 공항 근처에 숙소를 잡곤 한답니다. 비행기 시간 같은 편리의 문제도 있지만 무엇보다 안전 문제 때문이죠. 2010년 월드컵을 거치면서 예전보다 치안 상태가 많이 좋아졌다고는 하지만, 여전히 도심 쪽은 위험지대로 구분되어 있어서 배낭여행객을 위한 숙소가 없어요. 버스나 지하철 같은 대중교통수단도 치안 상태가 좋지 않고요. 도심 여행은 가이드를 붙여서 가는 게 안전하답니다. 심지어 도심 외곽에 숙소를 잡아 상대적으로 안전한 지역에 있다고 해도 어두워지면 치안을 장담할 수 없어요. 따라서 통상 저녁 6시 이

남아프리카공화국의 지폐

전에는 숙소로 돌아와 있을 것을 권고하곤 하죠.

잠깐, 남아프리카공화국의 지폐도 소개할까요. 우리나라나 세계 여러 나라의 지폐에 보통 그 나라를 대표하는 위인이나 장소가 들어가는 것과 달리, 남아프리카공화국의 지폐에는 동물들이 자리를 차지하고 있답니다. 아프리칸 버팔로, 사자, 코끼리, 코뿔소 등이죠. 여기에 표범을 더하면 아프리카 사파리 여행에서 가장 보고 싶어한다는 다섯 동물이 돼요. 실제로 남아프리카공화국 북부의 크루거 국립공원에 가면 이 동물들을 모두 볼 수 있답니다.

지폐에 인물을 담지 않은 것은 오랫동안 인종갈등에 시달려온 국가이다 보니, 다양한 인종과 민족 모두가 인정할 만한 인물을 찾기 어려워서일지도 모르겠어요. 화폐의 단위는 '랜드(rand)'예요. 요하네스버그를 황금의 도시로 만든 비트바테르스란트(Witwatersrand) 금광에서 따온 거랍니다. 이 비트바테르스란트를 짧게 랜드라고 부르는데, 아프리칸스어로 '하얀 물의 언덕'이라는 뜻이라고 해요. 길이 280킬로미터, 너비 4킬로미터의 황금 광맥이 발견된 지역이죠.

요하네스버그 도심

이제 남아프리카공화국의 속살을 들여다볼 수 있는 요하네스버그 도심으로 들어가보죠. 멀리 높은 타워가 하나 눈에 들어올 거예요. 요하네스버그 도심에 해당하는 힐브로 지역에 있는 힐브로 타워(Hilbrow Tower)랍니다. 힐브로는 아파르트헤이트 시절인 1970년대에 백인 거주지역으로 개발된 곳이에요. 그런데 1980년대부터 중산층이 외곽으로 이주해버리고 오늘날은 농촌지역과 아프리카의 다른 나라에서 이주해 온 이민자들이 거주하는 슬럼의 대명사가 되어버렸답니다. 인구밀도, 실업, 빈곤, 범죄율 모두 매우 높은 지역이죠.

반면 뉴타운 지역은 유럽의 도시 풍경과 별반 차이가 없어요. 뉴타운은 이전에는 벽돌을 많이 생산하던 지역이라 브릭필드라고 불렸죠. 최근 요하네스버그 도심이 침체되면서 도심과 가깝지만 안전하고 매력적

요하네스버그 도심의 뉴타운

인 장소로 집중 투자되기 시작한 곳이에요. 변화하는 요하네스버그를 상징하는 장소죠.

이번엔 커미셔너 거리로 가볼까요? 한자로 쓰인 간판들이 많이 보일 거예요. 초기에 차이나타운이 건설되었던 곳이거든요. 요하네스버그 도심이 쇠퇴하면서 최근에는 요하네스버그 교외에 있는 시릴딘(Cyrildene)의 데릭 거리에 새로운 차이나타운을 건설했다고 해요.

소웨토 지역은 아파르트헤이트 시절 흑인들의 거주 구역으로 지정된 곳이었죠. 요하네스버그 남서부에 위치해서 SOuth WEstern TOwnship(남서 거주 지역)의 머리글자를 딴 약자로 쓰이기 시작했는데, 지역 주민 대부분은 'So Where To(그래서, 어디로)'라고 부른다고 합니다. 아파르트헤이트 시절 박해받던 흑인들의 사정이 잘 반영된 표현인 거죠. 올랜도 발전소 냉각타워에 그려진 벽화만 봐도, 소박한 그들의 삶을 그대로 엿볼 수 있답니다. 까만 피부의 성모와 아기 예수가 인상적인 그림이죠.

커미셔너 거리

소웨토 지역의 풍경

소웨토에 거주하는 보통 사람들은 가난한 살림살이지만 평화로운 모습이에요. 천사 같은 아이들이 거리를 뛰어다니고요. 저 아이들이 최소한의 학교 교육이라도 제대로 받고 폭력과 마약에 물들지 않은 어른으로 자랄 수 있기를 바랄 뿐이에요. 남아프리카공화국에서는 아직 가난한 흑인들을 위한 교육이나 의료 혜택이 충분치 않아 보이거든요.

소웨토에 있는 헥터 피터슨 박물관에 가볼까요. 헥터 피터슨(Hector Pieterson)은 사람 이름이에요. 1976년 보어인이 중심인 백인 정부는 아파르트헤이트 정책의 일환으로 모든 학교에서 보어인들의 언어인 아프리칸스어로 수업하라는 지침을 내렸죠. 이에 항의해 그해 6월 16일 올랜도 웨스트 초등학교 학생들이 시위를 벌였는데 그때 평화 행진을 하던 학생들에게 발포가 시작되었어요. 당시 열세 살이던 헥터 피터슨이

평화로운 소웨토 지역

소웨토의 아이들

머리에 총을 맞고 쓰러졌죠. 누이 앙투아네트(Antoinette)와 열여덟 살의 음뷰샤(Mbuyisa Makhuba)가 총에 맞은 헥터 피터슨을 안고 뛰었고, 한 사진기자가 그 순간을 포착해 사진을 찍었어요. 그 뒤 사진이 공개되면서 소웨토 및 남아프리카공화국의 흑인들이 봉

헥터 피터슨 박물관

기하게 되었답니다. 전 세계에 큰 반향을 일으켜 아파르트헤이트 폐지의 발단이 된 사건이죠. 1980년대 민주화운동 당시 사망한 이한열 열사의 사진과도 닮은 점이 많답니다. 다른 나라, 다른 주제이지만 그런 정의로운 사람들의 희생을 통해 역사의 수레바퀴가 제대로 된 방향으로 굴러갈 수 있는 것 같아요.

이제 요하네스버그 도심 여행의 하이라이트라고 할 수 있는 아파라트헤이트 박물관으로 가볼게요. 박물관 입구에 독특한 조형물들이 서 있는 게 보이실 거예요. 거울 위에 다양한 외모를 가진 사람들이 그려져 있는데, 마치 거울을 보는 당신이 백인인지, 흑인인지, 부유한 사람인지, 가난한 사람인지를 묻는 것 같아요. 그들과 함께 비춰지는 내 모습에 대해 진지하게 성찰해볼 수 있는 조형물이죠.

박물관에 들어가면 1994년 남아프리카공화국 총선거 포스터가 맞

아파르트헤이트 박물관의 조형물

아줍니다. 흑인이 처음 투표권을 행사했던 선거였죠. 아파르트헤이트 정책으로 희생된 수많은 흑인들을 기억하자는 의미가 담긴 거랍니다. 인물 초상 셋이 보일 텐데, 가장 왼쪽은 아까 만난 헥터 피터슨이고, 다른 두 사람은 릴리안 응오이(Lillian Ngoyi)와 스티브 비코(Steve Biko)예요. 릴리안 응오이는 인종차별과 흑인 여성 해방을 위해 활동했던 사람으로, 특히 1956년 8월 9일 2만여 명의 다양한 인종의 여성들을 이끌고 '백인을 제외한 모든 사람들이 백인 거주 지역을 지날 때 통행증을 소지해야 한다'는 통행법 폐지를 위한 집회를 이끌었죠. 그날은 남아프리카 공화국 여성의 날로 지정되어 있답니다. 스티브 비코는 흑인의식운동을 조직해 흑인들의 의식 개혁과 정치운동을 위해 앞장섰는데, 경찰서 구금 중 사망해 반(反)아파르트헤이트 운동의 순교자로 널리 알려진 인물이에요.

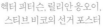

헥터 피터슨, 릴리안 응오이, 스티브 비코의 선거 포스터

첫 흑인 대통령 넬슨 만델라

아파르트헤이트 정책과 관련해 세계에 가장 널리 알려진 인물 중 하나인 넬슨 만델라 대통령의 모습도 만나볼 수 있어요. 1994년 선거를 통해 남아프리카공화국 최초의 흑인 대통령이 되었죠. 무려 26년을 감옥에서 보낸 후였어요. 남아프리카공화국 사람들은 만델라를 '추장, 아버지, 할아버지'라고 부른대요. 애정이 물씬 묻어나는 호칭이죠. 안타깝게도 2013년 영면하셨지만 지금도 많은 이들의 존경을 받고 있답니다. 만델라 대통령이 위대했던 이유 중 또 하나는 그토록 핍박과 억울한 옥살이를 했음에도 대통령이 된 후, 복수가 아니라 화해를 선택했다는 점이죠. 집권 후 데스몬드 투투(Desmond Mpilo Tutu) 대주교와 함께 진실과화해위원회(TRC)를 설립해 아파르트헤이트의 가해자와 피해자 간의 화해를 추진했죠. 그때 무지개 국가(Rainbow Nation)라는 이름이 등장한 거예요. 인종과 민족을 가리지 않고 자기의 색깔을 인정하는 국가라는 의미로 말이에요.

📍

아파르트헤이트(Apartheid)

남아프리카공화국 백인 정권에 의해 1948년 법률로 공식화된 인종 분리, 즉 남아프리카공화국 백인 정권의 유색인종 차별정책을 말해요. 1990년부터 1993년까지 진행된 남아프리카공화국 백인 정부와 흑인 대표 측인 아프리카 민족회의, 그리고 넬슨 만델라 사이의 협상 끝에 급속히 해체되기 시작했고, 1994년 4월 27일 넬슨 만델라 대통령이 완전 폐지를 선언했죠. 아파르트헤이트는 백인, 흑인, 컬러드, 인도인 등으로 인종을 분류해 인종별로 거주지 분리, 통혼금지, 출입구역 분리 등의 차별을 실시한 정책이에요. '차별이 아니라 분리에 의한 발전'이라는 미명 아래 사상 유례가 없는 노골적인 백인지상주의 국가를 지향했던 정책이었답니다.

아프리카 속의 유럽, 케이프타운

케이프타운(Cape Town) 조감도를 먼저 한번 볼까요. 북쪽이 지도상 아래쪽에 표시된 것이긴 하지만 새처럼 하늘에서 내려다본 그림 지도라 위치를 파악하는 데는 큰 도움이 된답니다. 지도상의 왼편에 우리가 출발한 케이프타운 공항이 있고, 한가운데 높은 건물들이 집중된 곳이 도시 중심부랍니다. 그 앞쪽은 네덜란드계 농부들이 처음 도착했던 테이블 만이고, 도심을 감싸는 세 개의 산 중에 가운데 탁자처럼 생긴 산이 테이블마운틴, 그 왼쪽엔 악마의 봉우리, 오른쪽에 시그널 힐이 있어요. 지도상 위쪽은 희망봉 방향이고요. 대충 조감이 되셨죠?

　그럼 바로 한복판에 위치한 케이프타운 중심가로 가보죠. 두 사람의 동상을 만나볼 수 있을 거예요. 왼쪽의 남자는 얀 반 리베크(Jan Van Riebeeck)이고 오른쪽의 여자는 그의 부인이죠. 얀 반 리베크는 1652년 네덜란드 동인도회사의 책임자로 테이블 만에 도착해 동인도와 네덜란드의 무역 항로 중계지를 만든 사람입니다. 지금의 케이프타운에 최초로 유럽인의 정착촌을 만든 사람인 거죠.

케이프타운 조감도

얀 반 리베크와 그의 부인 동상

동인도회사의 흔적

케이프타운 시청과 테이블 마운틴

　네덜란드 동인도회사의 요새가 있던 자리에 세워진 돌 성의 흔적도 볼 수 있죠. 처음에는 나무와 흙으로 만들었던 건데, 얀 반 리베크가 남 아프리카공화국을 떠난 후 1679년에 돌 성으로 완성되었다고 해요. 유 럽 분위기가 물씬 나는 노란색 타워는 케이프타운의 시청이에요. 1905 년에 세워진 영국풍 건물이죠. 20세기 초반에는 영국의 영향이 강했거 든요.

　케이프타운 시내 어디서나 테이블 마운틴이 보여요. 이름 그대로 산 이 탁자 모양이랍니다. 테이블 마운틴은 먼 옛날에는 바다 밑에 있던 퇴 적지형이었다가 서서히 융기해 섬이 되었고 지금은 산이 된 거랍니다. 영화 〈업(up)〉을 보면 앙헬 폭포가 나오는데 그 폭포가 있는 절벽과 비 슷하게 생겼어요. 실제로 베네수엘라 카나이마 국립공원에는 앙헬 폭 포와 더불어 '테푸이(Tepui)'라 불리는 여러 개의 테이블 마운틴이 있답 니다.

노벨 광장

케이프타운에는 남아프리카공화국에서 노벨평화상을 수상한 네 사람을 기념하는 광장도 있어요. 네 사람이나 수상했다니 대단하죠. 동상이 세워져 있는데, 오른쪽 끝의 동상은 전 세계적으로 유명한 넬슨 만델라 전 대통령이고, 가장 왼쪽은 앨버트 루틀리(Albert John Mvumbi Lutuli)로 아프리카민족회의(ANC)의 결성을 주도한 인물이랍니다. 인종차별 정책에 대한 비폭력 저항운동의 공로로 1960년 아프리카 대륙에서 최초로 노벨평화상을 수상했죠. 왼쪽에서 두 번째는 데스몬드 투투 대주교예요. 그다음 분은 프레데리크 빌렘 데 클레르크(Frederik Wiliem de Klerk) 전 대통령으로 넬슨 만델라를 석방시키고 그와 함께 민주적인 선거를 할 수 있는 여건을 만든 공로로 1993년 넬슨 만델라와 함께 노벨평

빅토리아 앤드 알프레드 항구

화상을 받았답니다. 네 사람이나 평화상을 받았다는 것은 자랑스러운 역사이겠지만, 그만큼 인종차별정책으로 남아프리카공화국이 평화롭지 않았었다는 반증이기도 하지요.

'빅토리아 앤드(&) 알프레드 항구'도 봐야죠. 이곳은 유럽인들이 케이프타운에서 가장 먼저 세운 항구로, 1990년대부터 수족관을 비롯해 많은 볼거리와 상점을 유치해 케이프타운 최대의 쇼핑 지역으로 유명하답니다. 유럽풍의 항구 모습이에요. 세련되고 볼거리도 많지만 조금 비싸긴 해요. 테이블 마운틴도 직접 가보고 싶겠지만 운이 좀 따라야 하죠. 정상 부근에 바람이 세면 케이블카 운행이 중지되거든요.

물개도 볼 수 있어요. 이곳의 물개들은 자유롭게 다니긴 하지만 워낙

관광객들에게 인기가 많아서 동물
원처럼 먹이를 준다고 해요. 사람에
게 단련된 물개라는 게 조금 안타까
운 면도 있지만, 그래도 동물원의 물
개들보다는 훨씬 자유롭게 살고 있
답니다.

이제 '디스트릭트 식스 뮤지엄
(District Six Museum)'으로 가보죠. 가
는 길에 안내문이 하나 보이네요. 안
내문 위에 쓰인 글은 보어인의 후손
들이 사용한다는 아프리칸스어예

위터프론트의 물개들

요. 남아프리카공화국에는 모두 11개의 공식어가 있는데 공적으로 가
장 많이 쓰이는 언어는 영어와 아프리칸스어예요. 이외에도 반투어족
(Bantu languages)에 속하는 9개의 토착어가 있는데, 토착어들 중에서는 줄
루어와 코사어가 가장 많이 쓰인다고 하네요.

표지판에 적힌 아프리칸스어

남아프리카공화국의 언어들

- **아프리칸스어** 네덜란드 출신 이주자들의 후손이 써오던 네덜란드어가 독자적인 변화를 거치며 형성된 언어예요. 네덜란드 본국의 언어와 교류가 단절되고 이주자들에 의해 유입된 프랑스어, 포르투갈어, 영어, 말레이어 등의 언어, 그리고 아프리카 토착언어인 반투어가 혼합되어 형성되었답니다.

- **줄루어** 남아프리카공화국, 레소토, 말라위, 스와질란드, 모잠비크, 짐바브웨에서 쓰이는 언어로, 줄루인이 쓰며 약 1,000만 명의 사용 인구를 가진 언어예요. 영어와 아프리칸스어 같은 유럽계 언어를 빼면 인구 비례상 가장 많은 사람이 쓰고요(약 24%), 아파르트헤이트 종식과 더불어 공용어로 채택되었어요.

- **코사어** 코사어는 남아프리카공화국 인구의 18퍼센트에 해당하는 790만 명 정도가 쓰고 있는데 협착음(혀 차는 소리, 클릭음)이 있는 것으로 유명해요. 코사어는 로마자로 표기되는데, c, x, q는 협착음 표기랍니다.

디스트릭트 식스 지역은 본래 흑인과 아시아인들을 비롯해 백인이 아닌 다양한 인종들이 거주하던 지역이었어요. 그런데 1966년 보어인들이 중심이 된 백인 정부에서 이 지역을 백인 거주 지역으로 선포해버린 거죠. 본래 살고 있던 사람들은 케이프 플랫이라는 외곽으로 쫓아버리고 디스트릭트 식스 지역을 불도저로 밀어버렸어요. 지금도 여전히 원래 거주민들은 돌아오지 못하고 있어요. 백인의 거주지로 바뀐 곳은 그대로 백인의 거주지이고, 공터는 그대로 공터로 남게 된 곳이죠. 디스트릭트 식스 박물관은 아파르트헤이트 시절 일어난 이런 사건들을 잊지 않기 위해 1994년에 세워졌어요.

백인 거주민의 숫자가 늘어나자 도심의 알짜배기 땅을 백인들이 차지하고 싶었던 거죠. 그런데 인종문제를 차치하고 가만히 생각해보면 우리나라의 도심에서 재개발이라는 이름으로 원 거주민을 내쫓는 일련의 사건들과 유사한 점이 많은 것 같아요.

박물관 바닥에 그려진 것은 예전 디스트릭트 식스 지역을 나타내는 지도예요. 불도저로 밀어버려서 지도상의 거리들은 거의 없어졌지만 이 지도와 현장을 맞춰보면 이곳에서 일어난 일들을 더 실감할 수 있겠죠.

백인용 거주지를 나타내는 표지판도 전시되어 있어요. 아파르트헤이트 시절엔 정말 많은 것들을 백인 전용으로 지정했었어요. 기차 차량이나 건물은 물론이고, 공원에도 백인 전용 의자가 놓이고 백인 전용 해변도 있었으니까요. 전체 인구의 20퍼센트에 해당하는 백인들이 대부분의 땅을 다른 인종을 배척한 채 자신들 전용으로 쓰고 있었던 거죠.

사람들의 신분증을 확대해서 전시하고 있는 코너도 있어요. 연도와 인종 표시 부분을 잘 보면 흥미롭답

디스트릭트 식스 박물관

니다. 1963년에 발행된 백인의 것, 1970
년 발행된 혼혈인의 것도 있고요. 하지만
1985년에 발행된 것에는 인종이 표기되
어 있지 않지요. 아파르트헤이트 시절에
는 인종분류법에 따라 신분증에 분류 표
기를 하다가 1980년대부터 조금씩 변화
가 있었다는 걸 알 수 있죠. 디스트릭트

백인 지역 간판

식스 박물관은 이렇게 아파르트헤이트의 불행한 역사와 서서히 거기서
벗어난 과정을 만날 수 있는 박물관이랍니다.

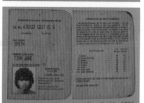

아파르트헤이트 시절의
신분증

다음 코스는 가옥과 거리가 참 예쁜 보캅(Bo-
Kaap) 지역이에요. 일종의 무슬림 지역이랍니
다. 그래서 차도르를 쓴 여인들이 많이 보여요.
보캅은 300년 전 네덜란드 통치 시대에 네덜란
드 동인도회사가 진출해 있던 말레이시아, 인
도네시아 사람들을 강제로 데려와 시그널 힐의
기슭에 만든 마을이에요. 하지만 도시 색깔을
보면 마치 라틴아메리카 마을 같답니다. 백인
들의 인종차별정책에 저항하는 의미로 강렬한
색을 쓰기 시작했다고 해요. 지금은 관광객들
이 많이 찾는 명물 거리가 되었죠.

보캅 지역

　시그널 힐(Signal Hill)로 올라가봐요. 이름이 좀 특이하죠. 매일 12시에 정오를 알리는 대포를 쏘기 시작한 데서 붙은 이름이에요. 17세기의 네덜란드인들은 라이온스 헤드와 시그널 힐까지의 능선이 스핑크스와 비슷하다고 해서 뒤쪽 봉우리는 사자의 머리(라이온스 헤드), 이곳은 사자의 꼬리(라이온스 테일)라고 불렀다고 해요. 이 이름들은 봉우리 이름에 일부 남아 있죠. 사자의 머리를 배경으로 물드는 노을이 정말 아름다워요. 밤에 올라가보면 맞은편으로 악마의 봉우리를 따라 케이프타운의 야경이 화려하게 빛나는 걸 볼 수 있는데요, 아쉽게도 케이프타운의 밤은 다소 위험하기 때문에 빨리 하산해야 한답니다.

　남아프리카공화국의 저녁은 아프리카 음악에 취해보는 게 어떨까

시그널 힐의 라이온스 헤드

시그널 힐의 일몰

케이프타운의 야경

요? 아프리카인들은 정말 리듬감이 좋아요. 음악적 감각도 탁월하고요. 나무 실로폰 '마림바'에서 나는 따뜻하고 아름다운 소리에 취하게 되죠. 아마 직접 듣는다면 색다른 매력을 느낄 수 있을 거예요.

마림바

생각난 김에 남아프리카공화국의 밴드 한 팀을 소개해드릴게요. 프레실리그라운드(Freshlyground)라는 밴드예요. 2004년에 발표한 《놈블라(Nomvula)》라는 앨범이 있는데 이 앨범에 수록된 곡 중 하나는 2011년 우리나라의 베베미뇽이 리메이크를 하기도 했어요. 〈두비두바〉라는 곡이었죠. 신나고 상큼한 노래랍니다. 리드 싱어인 졸라니 마홀라(Zolani Mahola)의 목소리가 아주 독특한데, 팝가수 샤키라와 함께 남아프리카공화국 월드컵송을 불러서 목소리가 귀에 익은 분도 있을 거예요. 와카와카 하는 부분이요. 들을수록 귀엽고 끌리는 목소리랍니다. 프레실리그라운드는 흑인과 백인이 함께 활동하는 7인조 혼성 밴드거든요. 리드보컬인 졸라니의 목소리와 나머지 멤버들이 연주하는 바이올린, 키보드, 베이스 기타, 플루트, 하모니카, 드럼의 여섯 가지 세션이 아주 잘 어우러진답니다. 1994년부터 남아프리카공화국

프레실리그라운드

물개 섬

정부가 사용하고 있는 '무지개 국가'라는 개념에 너무 잘 어울리는 밴드
가 아닐까 싶어요.

날이 밝았으니 케이프타운 여행의 하이라이트라 할 수 있는 희망봉
을 찾아가볼까요? 세계사 수업 시간에 자주 들었던 이름이죠? 경치도
좋을뿐더러 자연 그대로의 모습으로 서식하는 물개와 아프리칸 펭귄을
가까이서 살펴볼 수 있는 생태관광의 묘미를 만끽할 수 있답니다. '펭귄
이 아프리카에?'라고 생각할지도 모르겠네요. 온대기후 지역에도 펭귄
이 산답니다. 조금 키가 작긴 해요. 30~40센티미터쯤. 오스트레일리
아의 멜버른에도 살죠. 아주 귀엽고 사랑스럽답니다.

우리의 희망봉 투어는 케이프타운 시내에서 출발해 대서양 연안을
따라 후트 만(Hout bay)으로 가서 물개가 서식하는 섬을 둘러보는 보트 투
어를 한 다음, 다시 후트 만으로 돌아와 채프먼스 피크(Champman's Peak)
를 끼고 해안선을 따라 드라이브를 하다 인도양 쪽 해안으로 접어드는

후트 만

코스예요. 인도양 쪽 케이프 반도의 중심 마을인 시몬스(Simon's)를 거쳐 보울더 해변(Boulders Beach)에 가서 아프리칸 펭귄을 보고, 하이라이트인 희망봉 지역에 도착하는 흥미진진한 일정이랍니다.

후트 만부터 시작해볼까요. 후트(Hout)는 숲이라는 뜻이에요. 지금은 나무가 많이 보이지 않지만, 예전엔 많았다고 해요. 그사이 벌목을 지나치게 많이 해서 줄어든 거죠. 이곳에서 보트를 타고 물개를 보러 가는 거예요. 물개 섬은 두이커 섬이라는 이름을 가지고 있는데, 대부분 그냥 물개 섬이라고 부른다고 해요. 거뭇거뭇하게 보이는 게 모두 물개예요. 파도를 즐기고 일광욕을 하는 물개를 보는 게 참 행복하답니다.

채프먼스 피크 드라이브길

다시 후트 만에서 '채프먼스 피크' 드라이브길을 타고 시몬스 타운으로 가요. 이 길은 케이프 반도에서 경치 좋은 길

보울더 해변의 펭귄들

희망봉

로 유명하답니다. 바람은 좀 세지만 가슴이 뻥 뚫리는 기분이 드는 멋진 길이죠.

시몬스 타운을 거쳐 보울더 해변으로 왔어요. 올망졸망한 펭귄들이 가득한 곳이죠. 너무 귀여워요. 저렇게 귀여운 생명체가 다 있나 싶을 정도죠. 우리가 펭귄의 나라에 방문한 손님처럼 느껴지는, 아름답고 평화로운 공간이랍니다. 바다색도 얼마나 아름다운지!

자, 이제 드디어 하이라이트입니다. 저기 바다로 튀어나온 곳이 희망봉(Cape of Good Hope)이에요. 저 곳을 기준으로 오른쪽이 대서양, 왼쪽이 인도양이죠. 두 개의 대양을 한 번에 만나볼 수 있는 곳인 셈이에요. 포르투갈 탐험가 바르톨로뮤 디아스(Bartolomeu Dias)는 주앙 2세로부터 에티오피아를 찾으라는 명령을 받고 이곳까지 왔는데 폭풍 때문에 2주간 표류했다고 해요. 그래서 귀항할 때 이곳을 '폭풍의 곳'이라고 명명했는데, 후에 주앙 2세가 인도 항로를 발견하고 나서 '희망봉'으로 이름을 바꿨다고 하지요. 인간의 손때가 거의 묻지 않아서 바르톨로뮤 디아스가 처음 상륙한 그때와 다를 바 없어 보인답니다. 사실 희망봉은 통상적으로 알려진 것처럼 아프리카 최남단은 아니에요. 실제 아프리카 최남단은 아굴라스 곶(Agulhas Cape)인데, 희망봉이 역사적 의미가 커서 자주 언급되는 거예요.

이제 케이프타운의 마지막 여행지로 300년이나 된 감옥, 로벤 섬(Robben Island)으로 가볼까요. 워터프론트의 넬슨 만델라 게이트웨이를 출발해 대서양 한복판으로 왔네요. 사실은 케이프타운에서 12킬로미터 정도밖에 안 돼요. 그런데도 사람들은 마치 로벤 섬을 아주 고립된 섬처럼 인식하고 있죠. 거리는 멀지 않지만, 해류가 거칠고 상어가 출몰하는 바다라 탈출이 어려웠기 때문이래요. 그래서 17세기 말부터 이 섬의 대부분이 감옥으로 사용되었죠. 로벤이란 물개라는 뜻이에요. 사실 가보면 더없이 평화로운 섬인데, 17세기부터 20세기까지 나병 환자를 격리하거나 정치범을 수용하는 장소로 쓰였다고 하니 참 아이러니하죠.

특히 이 섬은 아파르트헤이트 정책 실시 후 넬슨 만델라와 월터 시술루(Walter Sisulu)같이 아파르트헤이트 정책에 반대한 중요 인물들을 수십 년간 감금해서 유명해졌죠. 1996년 감옥은 폐쇄되었고 1999년엔 세계문화유산에 등록되었답니다. 옛 감옥으로 한번 들어가볼까요. 철조망을 보면 숨부터 턱 막히죠. 이곳의 가이드를 하는 분 중에도 이 감옥에

로벤 섬

로벤 섬의 감옥

남아프리카공화국 국기

넬슨 만델라와 함께 수감되었던 분들이 계세요. 엄청나게 좁은 수용 공간이 보이세요? 이토록 좁은 공간에 수십 년간 수감돼 있으면서도 희망을 잃지 않고 소신을 지켰다니 실로 대단하고 존경스럽네요.

이제 다시 돌아나갈까요. 깃발이 하나 보이는데, 1994년 이후 남아프리카공화국에서 사용하기 시작한 깃발이죠. 빨강은 독립과 흑인 해방운동을 위해 흘린 피를, 초록은 농업과 국토를, 노랑은 풍부한 광물자원(주로 금)을, 파랑은 열린 하늘을, 검은색과 흰색은 흑인과 백인을, Y자는 통합을 나타낸다고 해요. 새로운 남아프리카공화국에 더없이 어울리는 깃발이죠.

자, 이제 남아프리카공화국의 마지막 여행지인 스텔렌보스로 가봅시다.

오래된 와인의 나라, 스텔렌보스

케이프타운에서 스텔렌보스(Stellenbosch) 까지는 지하철을 타고 갈 수 있어요. 요하네스버그에선 대중교통도 범죄에 상당히 노출되어 있어서 위험했는데, 케이프타운은 요하네스버그보다는 그나마 안전하다고 해요. 그래도 빈 지하철은 사람들이 꺼리는 경향이 있고, 외국인은

스텔렌보스의 지하철

더욱 조심해야겠지요. 그래서 배낭여행객들에게는 사람이 적은 1등칸 보다는 사람이 많은 2등칸을 타는 게 더 낫다고 알려져 있죠. 영국이나 프랑스의 농촌을 보는 듯한 한가로운 전원 풍경을 감상하다 보면 스텔렌보스에 도착한답니다.

스텔렌보스로 가는 길

스텔렌보스

스텔렌보스는 남아프리카공화국에서 포도 재배와 와인 생산이 가장 먼저 이루어진 곳이에요. 케이프타운에 이어 네덜란드인들이 초기에 정착한 마을이라 여러모로 네덜란드의 모습을 갖추고 있죠. 스텔렌보스는 케이프타운 동편 내륙에 위치해 있고 인근에 작은 산들이 있답니다. 남동쪽으로는 희망봉 지역 동편에 있는 펄스 만으로 이어지고요. 작은 하천 인근의 평야에 도시가 형성되어 있고 작은 산지의 경사면에서 포도를 재배하고 있지요.

마치 남프랑스의 와인 산지처럼 보이는데, 실제로 남프랑스처럼 지중해성 기후를 띠고 있어요. 물론 남반구이기 때문에 계절은 반대로 나타나서 1월이면 한창 여름이라 고온건조한 기후 아래 포도가 달게 익어가죠. 지중해도 아닌데 지중해성기후라니 의아하신가요? 온대기후 중

베르그켈더 와이너리의 오크통

여름은 사막처럼 고온건조하고 겨울은 영국처럼 온난습윤해지는 기후를 온대하계건조기후라고 하는데, 이런 기후가 지중해 연안에 전형적으로 나타나서 흔히 지중해성기후라고 하는 거예요. 당연히 지중해 주변이 아니더라도 이런 기후가 세계 곳곳에서 나타나죠.

우리가 이곳 스텔렌보스에서 가볼 와이너리는 베르그켈더 와이너리(Bergkelder Winery)예요. 스텔렌보스 시내 중심에 있는 브락 광장을 거쳐 가보면 좋죠. 광장

스텔렌보스의 와인 농장

인근에 17~18세기의 네덜란드 가옥들과 교회를 볼 수 있거든요. 마치 유럽의 가옥들을 모아둔 테마파크에 온 것 같답니다.

베르그켈더 와이너리도 꽤 오래된 와이너리랍니다. 오크통만 봐도 역사가 느껴지죠. 스텔렌보스는 17세기 케이프타운에 이어 네덜란드의 두 번째 정착지로 선택되면서 포도를 재배했고, 17세기 후반에 프랑스에서 위그노파들이 들어오면서 와인 제조가 시작되었어요. 지중해 연안과 유사한 기후에 프랑스인들의 와인 제조기술이 결합되어 발달했답니다. 조합이 아주 좋아서 와인의 수준이 상당해요. 포도밭 한가운데 있는 유럽풍 건물을 보노라면 이곳이 유럽인지 아프리카인지 헷갈릴 정도죠.

따스한 기온에 맛난 와인을 마시며 남아프리카공화국의 여정을 마치려고 해요. 이제 북아메리카로 떠날 시간이네요.

급부상하는 아프리카, 과연 우리는?

앵커 흔히 아프리카를 '미지의 대륙'이라고 부르곤 했습니다. 그런 아프리카가 2000년대 들어 내전, 독재, 부패에서 서서히 벗어나 산업화를 시작하며 무섭게 부상하고 있습니다. 세계의 많은 국가들이 아프리카를 주목하고 있는데요, 어느덧 아프리카 최대 경제대국이 된 나이지리아에 나가 있는 현지 기자를 연결해보겠습니다.

기자 네, 저는 나이지리아 라고스에 나와 있습니다. 아프리카가 최근 이렇게 주목받게 된 가장 큰 이유는 바로 자원입니다. 예를 들면 아프리카의 석유와 가스 매장량 및 생산량은 세계의 약 10% 내외입니다. 하지만 그 증가 속도가 매우 빠른 것이 특징입니다. 이곳 나이지리아의 급격한 경제성장도 석유 때문이라 할 수 있는데요, 아직도 미탐사 지역이 많습니다. 나미비아, 남아공 등의 남부 아프리카는 석유보다는 광물자원이 풍부하게 매장되어 있습니다.

하지만 남아공을 제외하고는 대부분 미탐사 광구들입니다. 탄자니아, 케냐 등 동부 아프리카는 기초 지질, 지리 조사도 안 된 곳이 많습니다. 이처럼 아프리카의 성장 잠재력은 매우 높습니다. 반면에 지구상에는 안정적인 자원 수급을 원하는 국가들도 많지요. 이 때문에 과거 아프리카를 식민 지배했던 유럽 국가들과 중국, 인도, 미국, 러시아, 일본 등을 중심으로 많은 국가들이 대규모 경제지원과 자원개발을 통해 아프리카에서의 영향력을 키우고 있습니다.

앵커 그렇군요. 그런데 가장 눈에 띄는 국가가 중국이라면서요?

기자 네, 중국의 아프리카 내 활동은 정말 대단합니다. 흔히 사람들은 중국이 아프리카에서 가장 영향력 있는 국가라고도 말합니다. 구체적인 사례를 보면 더욱 실감이 날 텐데요, 가스 터빈 날개, 제트기 엔진,

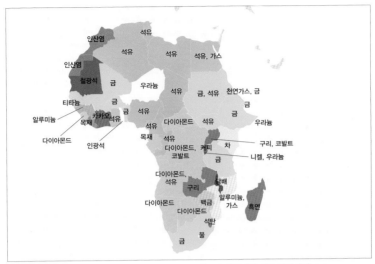

아프리카 국가별 대표 천연자원 (출처: Al Jazeera)

수술용 기구, 최근에는 전기차 배터리의 핵심 광물로 뜨고 있는 코발트라는 자원이 있습니다. 세계 코발트의 절반 이상이 콩고민주공화국에서 생산되는데, 그 대부분을 중국에서 정제하여 세계로 공급하고 있습니다. 중국은 이러한 단순 자원개발을 넘어서 건설, 발전소, 정치 후원, 기업 진출에도 힘을 쏟고 있습니다. 더 나아가 문화교류와 중국식 성장모델에 대한 공감대 확산을 위한 노력에도 매우 적극적입니다.

앵커 아프리카 외교에 있어서 우리나라의 상황은 어떻습니까?

기자 안타깝게도 우리나라는 아직 초보

수준입니다. 에너지 자원의 대부분을 수입에 의존하고, 더군다나 수입하는 곳이 특정 지역에 편중된 우리나라 입장을 생각할 때 아쉬운 대목입니다. 앞으로 아프리카의 중요성은 더욱 커질 텐데요, 적극적인 외교정책과 지원이 필요하며, 턱없이 부족한 아프리카 전문가 육성이 절실합니다. 더불어 '자원외교'라는 말을 많이 쓰는데, 자원외교라는 말은 아프리카 입장에서 식민지화와 유사한 개념으로 종종 이해되기도 합니다. 국제 외교는 상대에 대한 존중을 바탕으로 이해하고 알아가는 것부터 시작해야 할 것입니다. 🌍

—2017년 10월 20일

2부

앵글로색슨의 색채가 짙은 대륙, 북아메리카

캐나다

북극해

그린란드

미국

태평양

미국

세인트로렌스 강
몽모랑시 폭포
샤토 프롱트낙 호텔
탕아엥 광장
승리의 노트르담 교회
퀘백 윈터 카니발

웨벡시티
웬데이크
킹스턴
가스페 반도
나이아가라폭포

페르세 록
보나방튀르 섬

웬데이크 휴런 마을

아메리칸 폭포
브라이들베일 폭포
호스슈 폭포
웰랜드 운하
나이아가라 온 더 레이크
더 리빙 워터 웨이사이드 교회

천 섬
자비콘 섬
하트 섬
볼트 성

4

Canada

🍁

프랑스와 영국의 문화가 공존하는 캐나다

📍 캐나다 하면 뭐가 떠오르시나요? 나이아가라 폭포나 잘생긴 총리 저스틴 트뤼도도 생각나겠지만, 뭐니 뭐니 해도 멋진 도깨비와 소녀의 사랑을 그린 드라마 〈도깨비〉 아니겠어요. 혹시 서울에 있던 도깨비와 은탁이가 문 하나를 열고 나왔을 뿐인데, 그곳이 캐나다 퀘벡이었던 장면을 기억하시나요? 그때 은탁이는 자신이 캐나다에 있는 걸 신기해하며 흥분했잖아요. 은탁이가 단풍국이라고 했던 건 캐나다 국기가 단풍잎 모양이기 때문인데요, 캐나다에는 단풍나무와 단풍나무 숲이 많아서 오래전부터 캐나다와 캐나다인의 상징으로 여겨졌어요. 그 단풍잎 모양으로 인해 캐나다 국기를 흔히 '메이플 리프 플래그(Maple Leaf Flag)'

라고 부르고요. 참, 메이플 시럽은 알고 계시나요? 단풍나무의 수액을 채취해서 만드는데요, 역시 캐나다의 메이플 시럽은 아주 유명하죠. 또 매년 단풍의 아름다움을 느낄 수 있는 '메이플 로드(Mapleroad)'도 있어요. 메이플 로드는 나이아가라 폭포를 거쳐 몬트리올, 천 섬, 퀘벡을 지나거든요. 우리가 여행할 곳도 캐나다 동부의 메이플 로드에서 지나는 지역들이랍니다.

그럼, 지금부터 캐나다 동부 여행을 시작해볼까요? 참, 캐나다 국기에 대해 하나 더 설명하자면 중앙의 단풍잎은 캐나다를 상징하고 양쪽의 빨간색 띠는 태평양과 대서양을 나타내는 거랍니다.

세계 3대 폭포 중 하나, 나이아가라 폭포

이곳은 토론토 피어슨 국제공항이에요. 토론토(Toronto)는 캐나다에서 인구가 제일 많은, 온타리오 호수 연안의 캐나다 제1의 도시죠. 또 토론토는 세계 3대 폭포 중 하나인 나이아가라 폭포(Niagara Falls) 여행의 거점이에요. 토론토 공항에서 나이아가라까지는 버스, 열차, 렌터카, 택시 등 대중교통을 이용해 갈 수 있어요. 또 나이아가라 주변에 있는 카지노에서 운행하는 무료 셔틀버스를 타고 가도 되고요. 시간은 1시간 반에서 2시간 정도가 걸리죠. 여러 교통편 중에서 우리는 버스를 타고 이동해볼까요?

앞에서 나이아가라가 세계 3대 폭포 중 하나라고 얘기했는데, 나머지 두 개는 무슨 폭포일까요? 이 정도는 상식으로 알아두는 게 좋겠죠? 바로 남미에 있는 이구아수 폭포와 아프리카의 빅토리아 폭포랍니다.

📍
이구아수 폭포(Iguazu Falls)

브라질과 아르헨티나의 국경에 있는 폭포예요. 폭 4.5킬로미터, 평균 낙차 70미터로 너비와 낙차가 모두 나이아가라 폭포보다 크죠. 남아메리카에서 훌륭한 관광지로 손꼽히는 이구아수 폭포는 아르헨티나와 브라질 양국이 함께 폭포 주변과 인근 밀림을 국립공원으로 지정해 보호하고 있답니다. 호텔 등의 관광 시설도 잘 갖춰져 있고요.

빅토리아 폭포(Victoria Falls)

아프리카 잠비아와 짐바브웨의 경계를 흐르는 잠베지 강 중류에 있는 폭포예요. 폭 약 1.7킬로미터, 최대 낙차 108미터로 세계에서 가장 길죠. 빅토리아 폭포는 멀리서는 치솟는 물보라만 보이고 굉음밖에는 들리지 않기 때문에 원주민들은 '천

둥 치는 연기'라는 뜻의 '모시 오아 툰야'라고 불렀다고 해요. 그런데 1855년 영국 탐험가 데이비드 리빙스턴이 발견하여 빅토리아 여왕의 이름을 따서 빅토리아 폭포라고 명명한 것이랍니다.

오대호(Great Lakes)는 북미 대륙의 거대한 다섯 개의 호수를 말해요. 그 중 이리 호와 온타리오 호 사이에서 떨어지는 물줄기가 나이아가라 폭포죠. 고트 섬을 기준으로 미국 폭포와 캐나다 폭포로 나뉘는데요, 미국의 '브라이들베일 폭포(Bridal Veil Falls)'가 우아한 분위기라면, 캐나다의 '호스슈 폭포(Horseshoe Falls, 말발굽)'는 장대하고 장엄한 스케일을 자랑하죠. 실제로 폭포 수량의 90퍼센트가 캐나다 폭포로 수직 낙하를 한답니다.

드디어 나이아가라 폭포에 도착했어요. 55미터 절벽 아래로 떨어지는 거대한 물줄기가 정말 장관이에요. 폭포 소리도 귀를 압도하고요. 왜 세계 3대 폭포에 꼽히는지 절로 실감이 되죠. 물빛이 에메랄드색인 게 보이시나요? 그건 물속에 포함된 성분 때문인데요, 이곳은 석회암 지대라서 아름다운 색을 띠는 거랍니다.

나이아가라 폭포는 총 너비가 1킬로미터에 육박하는 규모로 약 1만 2천 년 전에 형성되었어요. 폭포의 상부 지층은 백운암과 석회암으로 이루어진 단단한 층인 데 반해 아래층은 진흙이 굳어진 셰일층과 사암 층이에요. 그러니 아래쪽이 자꾸 침식되겠죠. 또 침식되니까 위쪽이 무너져 내리면서 뒤쪽으로 후퇴하게 되고요. 1년에 약 1미터씩 침식되어 온 나이아가라는 처음 생성된 만 년 전보다 무려 11킬로미터를 움직였

나이아가라 폭포

나이아가라 폭포 중 호스슈 폭포

우비 입은 관광객들

답니다. 댐으로 수량을 조절하고 있는 요즘은 1년에 약 30센티미터씩 침식이 일어난다고 해요. 움직이는 폭포라니, '살아 움직이는 대자연'이라는 말이 참말이었어요.

이 거대한 나이아가라를 즐기는 방법은 다양하답니다. 공중, 수면 그리고 폭포 바로 밑에서 스릴 넘치게 즐길 수도 있어요. 그럼, 여기까지 왔으니 스릴 넘치는 방법으로 즐겨볼까요? 참, 이곳은 맑은 날씨에도 폭포비가 쏟아지기 때문에 우비는 필수랍니다.

우와~ 인간을 압도하는 엄청난 규모의 자연! 폭포에서 떨어지는 물 때문에 비가 내리는 것 같아요. 실제로 폭포에서 1시간 동안 쏟아지는 양은 서울 시민이 하루 종일 쓰는 수돗물보다 많은 양이라고 하니 정말 엄청나죠?

이번엔 폭포 앞에 있는 선착장으로 가서 배를 타보려고 해요. 아메리

메리칸 폭포　　브라이들베일 폭포　　　　　　　　　　　　　호스슈 폭포

배를 타고 관광하는 모습

칸 폭포(The American Falls)에서 호스슈 폭포까지 이어지는 코스를 따라 배를 타고 가는 건데요, 무지개다리(Rainbow Bridge)의 왼쪽은 캐나다, 오른쪽은 미국 영토예요. 실제로 나이아가라를 찾는 관광객은 매년 천만 명 이상이고, 그중 인기 있는 코스가 바로 배를 타고 폭포 가까이 가보는 거랍니다. 왼쪽의 넓게 떨어지는 것이 아메리칸 폭포고요, 오른쪽에 조

브라이들베일 폭포

아메리칸 폭포

그렇게 떨어지는 것이 브라이들베일 폭포예요. 이름처럼 신부가 면사포를 쓴 듯 수줍게 흘러내리는 거 같지 않나요?

배가 미국 영토를 지나 캐나다로 향하고 있네요. 조금 있으면 호스슈 폭포를 보게 될 거예요. 호스슈 폭포는 높이 55미터, 너비 900미터에 이르는 거대한 폭포죠. 나이아가라 폭포 중 가장 규모가 큰 폭포예요.

조금 딱딱할지 모르지만 나이아가라 폭포가 어떻게 만들어졌는지 그 얘기를 들려드릴게요. 이왕이면 폭포가 형성된 이유까지 아는 것이 진짜 공부 아니겠어요? 먼저 오대호의 형성 과정부터 알아봐야 하는데요, 과거 빙하가 가장 확대되었던 시기에 북아메리카는 매우 넓은 지역이 빙하에 덮여 있었지요. 특히, 1만 5천 년 전의 마지막 빙하는 지구 표면 곳곳을 대량으로 함몰시켰고 훗날 오대호가 들어서게 될 지역도 이때 함몰되었어요. 그런데 기온이 올라가고 빙하가 녹자 지반이 함몰된 곳에 물이 흘러들어 호수가 형성되었거든요. 먼저 미시간 호와 이리 호가 생겨났고 그 후 지속적으로 녹아내린 물이 나머지 호수 바닥을 채웠지요. 오대호는 이렇게 형성된 빙하호랍니다.

웰랜드 운하

　이리 호와 온타리오 호 사이에는 물이 흐르는 통로가 생겨났는데 이
것이 나이아가라 강이에요. 오대호는 대부분 해발고도 173미터에서
183미터에 해당하죠. 하지만 온타리오 호는 이들보다 약 100미터가 낮
은 74미터에 불과해요. 따라서 수위가 높은 이리 호에서 수위가 낮은 온
타리오 호로 다량의 물이 흘러들게 된 거예요. 이렇게 나이아가라 폭포
가 생겨난 것이랍니다. 저기 보세요. 무지개가 떴네요. 날씨가 맑은 날
에는 예쁜 무지개를 감상할 수 있는데요, 마치 자연이 인간에게 주는 선
물 같다고나 할까요.

　지금의 폭포를 찾는 수많은 관광객들과 달리 옛날 캐나다인들은 폭

무지개가 뜬 나이아가라 폭포

나이아가라 온 더 레이크

포를 피해 새로운 뱃길을 열어야 했죠. 온타리오 호수와 이리 호수 사이를 연결하는 웰랜드 운하(Welland Canal)가 바로 그 흔적이에요. 웰랜드 운하를 통해 배가 오가는 모습을 보면 그 규모가 엄청나서 정말 깜짝 놀랄 정도랍니다. 앞에서도 얘기했지만 온타리오 호수는 이리 호수보다 100미터가량 낮아요. 두 호수 사이에 높이 차이가 상당하죠. 나이아가라 폭포의 높이가 워낙 높아 운하를 계단식으로 만들어서 단계별로 배를 이동시키는 거예요. 다시 말해 낙차가 큰 나이아가라 폭포로 인해 온타리오 호수와 이리 호수 사이의 뱃길이 끊겼기 때문에 선박들이 자유로이 이동할 수 있도록 강줄기 사이로 새로운 물길을 낸 것이죠. 이 운하를 통해 미국과 캐나다로 수송되는 물자가 매년 4,000톤에 달한다고

하니 없어서는 안 될 중요한 물길이라고 해도 과언이 아닐 거예요.

배도 탔으니 이제 쉴 겸해서 마을을 산책해볼까요? 나이아가라 폭포에서 차로 30분 정도 가면 작은 도시가 나와요. 나이아가라 폭포 북쪽의 나이아가라 강과 온타리오 호가 만나는 지점에 위치한 호반도시, '나이아가라 온 더 레이크(Niagara on the Lake)'예요. 이 작은 도시는 규모는 아담해도 19세기 온타리오 주의 첫 주도였을 만큼 유서가 깊은 곳이죠.

마을로 가는 중간중간 와인 농장이 많이 보여요. 나이아가라 온 더 레이크는 와이너리의 보고로 유명하고 130여 개의 와이너리가 흩어져 있죠. 캐나다의 와인이 유명한 건 알고 계시죠? 캐나다는 세계 최대의 천연 아이스와인 생산국이에요. 캐나다 전체 생산량의 70퍼센트가 나이아가라 일대에서 나오고 있답니다.

아이스와인(Ice Wine)

원래 초겨울에 포도를 따서 만든 독일의 고급 와인을 말해요. 독일어로 Ice는 'Eis'이고, Wine은 'Wein'이거든요. 따라서 아이스와인은 '아이스바인(Eiswein)'으로 표기하기도 해요. 보통 와인은 8~9월에 수확한 포도를 숙성시켜 만들지만, 아이스와인은 한겨울인 1월에 수확한 포도로 만들어요. 포도가 얼었다 녹았다를 반복하면서 수분이 증발하고 당분만 남게 되어 더 달콤해진답니다. 아이스포도의 당도는 일반 포도의 8~9배를 넘는다고 해요.

여기서 잠깐, 캐나다에서 아이스와인이 많이 생산되는 이유는 뭘까요? 아이스와인을 최초로 생산한 국가는 독일이거든요. 하지만 상대적으로 기후가 온화하여 생산하기가 쉽지 않았죠. 반면 캐나다는 겨울이 매우 추워 매년 아이스와인 생산이 가능했어요. 여름은 포도가 잘 영글수 있을 만큼 기온이 높고, 겨울은 영하 10도 이하로 내려가는 저온의 기온을 보이죠. 그러니까 캐나다에서 아이스와인이 많이 생산되는 이유는 기후 탓이랍니다. 여기까지 왔으니 아이스와인 한 잔 마셔보는 건 어떨까요?

사진 속의 작은 건물은 교회랍니다. '더 리빙 워터 웨이사이드 교회(The Living Water Wayside Chapel)'인데, 이 교회가 특별한 것은 기네스북에도 올라 있는 세계에서 가장 작은 교회이기 때문이에요. 얼마나 작은가 하면요, 높이 3미터, 길이 2.5미터로 네 명에서 여섯 명 정도밖에 들어

더 리빙 워터 웨이사이드 교회

갈 수 없다고 해요. 물론 실제로 예배를 보는 교회가 맞고요, 이곳에서 결혼식도 치러진대요. 지금은 관광명소가 되어 신자가 아닌 관광객들까지 많이 찾고 있기도 하고요.

자, 이제 온타리오 호수의 북쪽 도시 '킹스턴(Kingston)'으로 출발해볼까요? 킹스턴은 온타리오 호수 위에 천여 개의 섬이 떠 있기 때문에 호수의 도시로 유명하죠. 섬 곳곳을 정기적으로 운항하는 유람선도 있고요. 여기서 천여 개의 섬을 일컬어 '천 섬(사우전드 제도, Thousand Islands)'이라고 하는데, 온타리오 호의 북쪽 끝에서 그 하류인 세인트로렌스 강에

천 섬 지도

천 섬

걸쳐 있는 섬으로 이루어진 제도를 말하는 거예요. 이곳은 나이아가라 폭포와 함께 가장 유명한 관광지랍니다.

사우전드 아일랜드 드레싱

이 섬들은 세계의 부호들이 하나씩 사들여 별장을 지어놓은 것으로도 알려져 있죠. 나무 세 그루만 있어도 섬으로 인정해주기 때문에 섬의 개수가 이렇게 많은 건데요, 그래서 실제로는 1,800여 개 이상의 섬이 강에 떠 있다고 해요. 참, 우리가 즐겨먹는 '사우전드 아일랜드 드레싱'은 바로 이 천 섬에서 유래된 이름이랍니다. 좀 더 자세히 말씀드리면, 1,800여 개의 섬 중에 하트 섬(Heart Islands)에 살던 볼트라는 독일인 남편이 아내를 기쁘게 해주기 위해 요리

볼트 성

사에게 특별히 부탁해서 만든 드레싱이 바로 사우전드 아일랜드인 거예요. 왠지 낭만적인 이야기죠? 그런데 이 낭만적인 이야기는 새드 엔딩으로 끝나고 말아요. 백만장자였던 조지 볼트는 하트 섬에 아내를 위한 성을 짓게 되죠. '볼트(Boldt)'라 이름 지은 이 성은 6층으로 이루어졌고 겉모습만큼이나 내부도 화려했다고 해요. 그런데 공사 도중 아내가 죽자 성 건축을 멈추고 방치하여 현재까지도 다 지어지지 못했대요. 게다가 그는 고작 1달러에 이 성을 캐나다 정부에 넘겨버렸다고 하네요. 아내에 대한 볼트 씨의 사랑이 지극했었나 봐요. 아무튼 시간이 흘러 이 이야기가 많은 연인들에게 전해지면서 이곳은 커플들이 결혼식을 올리는 장소로 유명해졌답니다.

캐나다 속의 작은 프랑스, 퀘벡시티

다음 코스는 캐나다와 미국의 국경을 지나 대서양으로 빠져나가는 물길인 세인트로렌스 강 하구에 자리한 '퀘벡시티(Quebec City)'예요. 이곳은 앞에서도 말한 것처럼 드라마 〈도깨비〉 때문에 더 유명해졌죠. 요즘은 한국인 관광객이 아주 많이 늘어났다고 하더라고요. 그런데 본격적으로 퀘벡시티를 여행하기 전에 우선 들를 곳이 있답니다.

📍
세인트로렌스 강(Saint Lawrence River)

세인트로렌스 강은 오대호에서 발원하여 캐나다와 미국의 국경을 지나 대서양으로 흐르는 강이에요. 옛날 신대륙을 찾아 캐나다로 향했던 수많은 탐험가들은 반드시 이 강을 건너야 했다고 해요.

바로 '몽모랑시 폭포(Montmorency Falls)'를 먼저 돌아보고 가려고요. 세인트로렌스 강의 한 줄기인 몽모랑시 강줄기를 따라가다 보면 만날 수 있죠. 몽모랑시 폭포는 나이아가라 폭포보다 무려 30미터나 더 높아요(높이 83미터). 낙차가 커 그만큼 물보라도 세차죠. 나이아가라에 비하면 웅장한 맛은 덜하지만, 가늘고 길게 떨어지는 색다른 멋이 있답니다. 그리고 겨울이면 물줄기가 얼어붙는데 그 모습도 장관이고요.

몽모랑시 폭포

몽모랑시 폭포의 계단

폭포의 위용을 감상할 수 있는 방법이 또 하나 있는데요, 케이블카를 타거나 수십 개의 계단을 오르면서 다양한 각도의 폭포를 느껴보는 거예요. 계단이 가파르고 높지만 이 정도 수고는 감수해야 멋있는 장면을 볼 수 있는 거랍니다.

그럼, 이제 퀘벡시티로 이동해볼까요? 캐나다 동부 퀘벡 주의 주도인 퀘벡시티는 세인트로렌스 강변에 발달한 항구도시이자 캐나다의 발전상을 가장 집약적으로 보여주는 도시이기도 하죠. 퀘벡은 캐나다 원주민어로 '강이 좁아지는 곳'을 뜻한다고 해요. 세인트로렌스 강의 폭이 좁아지는 지점에 위치한 이유로 퀘벡이라고 불린 거예요.

퀘벡은 '작은 프랑스'라는 별칭이 있을 정도로 프랑스 분위기로 가득 차 있어요. 이것이 비단 노트르담 성당을 비롯한 각종 프랑스풍의 건물

노트르담 성당

들 때문만은 아니에요. 프랑스어로 대화하고 프랑스식으로 사고(思考)하는 사람들이 가장 큰 이유가 아닐까 싶어요. 그도 그럴 것이 인구의 95퍼센트가 불어를 쓰거든요. 따라서 퀘벡은 캐나다에서도 이국이랍니다. 1세기가 넘도록 이곳을 지배한 프랑스의 영향으로 퀘벡은 지금까지도 프랑스 스타일을 간직하고 있죠.

퀘벡시티의 또 하나의 특징은 북아메리카에서 유일하게 성벽으로 둘러싸인 성곽도시라는 점이에요. 1736년 프랑스에게서 이 지역을 빼앗은 영국은 미국과의 전쟁에 대비하기 위해 1765년부터 성벽을 쌓기 시작했죠. 퀘벡시티는 두 지역으로 나뉘는데요, 성곽이나 요새 등 방어

올드 퀘벡

시설이 있는 높은 지대인 '어퍼타운(Upper Town)'과 루아얄 광장이나 항구 등이 있는 '로어타운(Lower Town)'이에요. 어퍼타운은 다시 성벽을 경계로 신시가지와 구시가지로 구분되고 어퍼타운의 구시가지와 로어타운을 합쳐 '올드 퀘벡'이라고 해요. 이 올드 퀘벡은 1985년에 유네스코 세계문화유산으로 지정되었어요. 중세풍의 올드 퀘벡은 캐나다의 오랜

퓌니퀼레르

역사를 짐작할 수 있는 곳이죠. 어퍼타운과 로어타운을 연결하는 이색 교통수단도 있어요. 바로 퓌니퀼레르(Funiculaire)라는 케이블카랍니다. 성곽을 따라 걷는 것도 도시 전체를 한 바퀴 둘러볼 수 있는 좋은 방법이 될 수 있겠죠?

자, 도깨비 호텔, 공유 호텔, 은탁이가 편지 쓰던 호텔인 '샤토 프롱트낙 호텔(Chateau Frontenac Hotel)'이 눈앞에 보이네요. 이 호텔은 프랑스 문화의 정체성을 이어가는 퀘벡의 대명사이자 상징이죠. 객실이 무려 600여 개에 달하는, 건물 자체만으로도 웅장함을 자랑하는 이 호텔은 세인트로렌스 강이 내려다보이는 고지에 자리 잡고 있어서 시내 어디서나 그 모습을 볼 수 있답니다. 덕분에 여행자들이 길을 잃지 않도록 돕는 도시 안의 등대 노릇까지 하고 있죠. 호텔 이름에서도 프랑스 분위기가 물씬 풍기죠? 1673년 뉴프랑스의 초대 총독으로 부임한 콩트 드 프롱트낙(Comte de Frontenac)의 이름을 따서 붙인 거라고 해요. 1892년부터 지어진 이 호텔은 한때 군 지휘부 및 병원으로 사용되기도 했어요. 그런데 이 호텔이 명성을 떨치게 된 이유는 따로 있답니다.

역사가 깊은 이곳은 2차 세계대전 당시 연합군의 중요한 회의가 있었던 장소였어요. 1943년과 1944년에 미국 대통령 루스벨트와 영국 수상 처칠이 이곳을 방문했죠. 캐나다 정부의 초청으로요. 이 둘은 이곳에서 2차 세계대전의 전략을 의논했는데, 그때 결정된 것이 바로 그 유명한 '노르망디 상륙작전'이랍니다. 물론 이와 같은 비밀회의 말고도 다양한 행사들이 열렸던 곳이기도 하고요. 자꾸 얘기하게 되는데 〈도깨비〉

샤토 프롱트낙 호텔

의 촬영 장소였을 뿐만 아니라, 가수 셀린 디옹의 결혼식도 여기서 치러졌어요.

퀘벡 깃발

호텔 주변 거리를 걷다 보니 캐나다 국기보다 저 파란색 깃발이 더 눈에 띄는 것 같아요. 바로 퀘벡 주를 상징하는 깃발인데요, 옛 프랑스 왕가를 떠올리게 하는 파란색, 흰색의 백합 문양이 들어가 있죠. 퀘벡 주가 캐나다에서 분리되고 싶어한다는 얘기는 한 번쯤 들어보셨죠? 퀘벡 주의 모토는 'je me souviens(I remember who I am)'거든요. 이것만 봐도 프랑스 문화와 언어를 지켜온 자부심을 엿볼 수 있어요. 주민의 4분의 3이 프

불어 표지판과 간판

루아얄 광장

랑스계인 퀘벡 주민들은 프랑스어를 공용어로 정하고 적극적인 분리정책을 추진하고 있다고 해요. '비디오게임에 관한 프랑스어 법안'에 따라 영어로 제작된 게임의 판매가 금지되기도 했고, 표지판이나 상점의 간판에도 영어보다 프랑스어가 더 눈에 띄게 제작되어 있답니다.

이제 퀘벡시티에서도 가장 프랑스적인 '루아얄 광장(Place Rorale)'을 둘러볼 차례예요. 〈도깨비〉의 팬이라면 이곳도 드라마에 나왔던 걸 바로 아실 거예요. 캐나다에서 가장 깊은 역사를 가진 이 광장의 한가운데를 장식하고 있는 것은 루이 14세의 동상이랍니다. 가파른 지붕을 가진 18세기 초의 건축물들로 둘러싸인 이 광장은 여전히 그들이 프랑스 문화를 지키고 있음을 잘 보여주고 있어요. 특히, 루아얄 광장을 중심으로 좁은 골목과 돌로 만든 옛날식 건물들이 늘어서 있어 이 일대가 고풍스러운 분위기를 자아내죠.

퀘벡의 분리 독립 문제

캐나다 연방으로부터 독립하려는 퀘벡 주의 움직임은 30여 년 이상 이어져왔어요. 여러 번의 주민투표를 통해 독립을 도모했지만 0.1퍼센트의 근소한 표차로 여전히 그들은 캐나다에 묶여 있죠. 캐나다에서 가장 오래된 역사를 가지고 있는 퀘벡은 그만큼 자신들의 정체성에 대한 자부심이 있어요. 그래서 캐나다의 유명한 마트나 레스토랑 체인은 퀘벡에 쉽게 발을 붙이지 못한다고 해요. 하지만 국가 간에도 통합이 진전되고 있는 추세여서, 독립을 했을 경우에 초래될 경제적·사회적 비용 등을 감안할 때 퀘벡 주민들이 현실적으로 독립할 가능성은 갈수록 줄어들고 있다는 것이 일반적인 관측이랍니다. 한편 퀘벡 주는 프랑스 문화의 영향으로 결혼해서도 남편 성을 따르지 않고, 2004년 캐나다에서 처음으로 동성결혼을 인정하기도 했죠. 캐나다 의회는 2005년에 동성결혼을 합법화했으니 퀘벡 주민들의 자유로운 사고방식을 알게 해주는 대목이 아닐까요?

건물 벽에 그려진 벽화가 상당히 인상적이에요. 주로 사람들의 일상을 그린 이 프레스코 벽화들은 실제로 사람들이 창문을 통해 내다보는 듯한 착각을 불러일으키죠. 퀘벡의 겨울이 너무 추워서 북쪽으로는 창을 내지 않았고, 그렇게 텅 빈 벽에 그림을 그리기 시작한 것이 이 아름다운 벽화들의 유래랍니다. 400년을 거슬러 올라가야 기원을 찾을 수 있다고 해요. 현재는 관광자원으로서 주정부에서 관리하고 있어요.

프레스코 벽화

프레스코 벽화 중 특히 눈길을 끄는 것은 '퀘벡의 프레스코화' 예요. 1492년 콜럼버스가 아메리카 대륙을 발견한 이후 유럽에서 온 영국인들과 프랑스인들은 강을 따라 캐나다 안쪽으로 들어왔고 첫발을 디딘 곳이 바로 퀘벡시티가 있는 퀘벡 주였어요. 이 5층짜리 건물 벽에는 당시 퀘벡의 역사에서 중요한 위치를 차지하고 있던 열여섯 명의 인물이 그려져 있죠. 그림 옆에는 인물들을 설명하는 안내판도 설치되어 있으니 참고하셔도 좋아요.

📍
퀘벡의 프레스코 벽화(La Fresque des Quebecois)

1990년도에 완성된 벽화는 400년 정도 된 작품들로 5층 건물의 한 면 전체를 차지하고 있어요. 이 작품은 캐나다와 프랑스 출신의 화가 열두 명이 참여해서 그린 것이죠. 당시의 생활상과 함께 퀘벡에 처음 상륙한 프랑스의 탐험가 자크 카르티에(Jacques Cartier), 퀘벡시티를 건설한 사뮈엘 드 샹플랭(Samuel de Champlain), 퀘벡 최초의 주교 프랑수아 드 라발(Francois de Laval) 등 퀘벡과 캐나다 역사상 아주 중요한 열여섯 명의 인물도 그려져 있답니다.

그리고 바로 왼쪽에 자리한 승리의 노트르담 교회(Eglise Notre Dame des Victoires)는 퀘벡에서 가장 오래된 석조 교회예요. 프랑스와 영국과의 전쟁에서 프랑스군이 승리한 것을 기념하기 위해 교회 이름에 '승리'라는 단어가 들어갔다고 해요. 교회 안에는 당시 이민

승리의 노트르담 교회

자들이 타고 들어왔다는 선박의 모형이 있으니 구경하셔도 좋답니다.

자, 지금부터는 캐나다의 보다 더 오래된 이야기를 찾아가볼 거예요. 퀘벡시티에서 불과 20분 거리에 있는 '웬데이크(Wendake)'가 바로 그곳이죠. 퀘벡시티 북서쪽에 위치한 이 마을은 캐나다 원주민이 사는 인디언 마을이랍니다. 이곳에는 원주민 보호구역이 있다고 하는데, 날짜를 잘 맞춰서 오면 캐나다 전역에 흩어져 사는 여덟 개의 인디언 부족들이 모이는 전통축제를 볼 수 있어요. 이들을 한자리에서 보는 게 쉽지 않기 때문에 전 세계에서 인디언들을 보려고 찾아오죠. 인디언들은 자신의

웬데이크

부족을 상징하는 전통의상을 입고 전통춤을 춰요. 이 축제의 이름은 '파우와우(Powwow)'라고 하는데, 이 인디언 말은 병을 고쳐주는 '주술사'라는 뜻이라고 해요. 이들의 춤과 노래에는 새로운 정착민들에 의해 쫓겨

파우와우

다녔던 박해의 역사, 그 아픔을 위로하는 치유와 화해의 의미가 담겨 있다고 합니다.

웬데이크에서도 토착 원주민들의 생활상을 고스란히 옮겨놓은 민속촌이 있거든요. '휴런 마을(Huron Village)'이라고 불리는 곳으로, 유럽인들이 캐나다로 유입되기 이전 퀘벡 주에 살았던 토착민들의 모습을 볼 수 있죠. 현재 캐나다 전역에 살고 있는 인디언은 약 100만 명, 그러니까 전체 인구의 3.8퍼센트를 차지해요. 그중 사진으로 보이는 이곳은 세인트로렌스 강을 터전 삼아 살았던 퀘벡 인디언들의 주거지를 재현한 것이랍니다. 집단 거주지 형태로, 30~50명 정도가 같이 살았죠. 강을 기반으로 하고 있어 농경생활이 가능했고, 따라서 정착생활을 했답니다. 휴런 마을에 오면 인디언들이 실제로 살았던 집과 사용했던 도구, 여러 가지 그림들을 볼 수 있으니 꼭 한번 다녀가세요.

휴런 마을

📍
태양의 서커스(Cirque du Soleil)

1984년에 설립된 공연단으로 퀘벡 주에 기반을 두고 있죠. 퀘벡은 배를 통해 많은 이민자들이 들어왔던 곳이에요. 여러 나라의 사람들이 온갖 사연을 가지고 퀘벡으로 들어왔고 그 당시 일어났던 일을 잊지 않기 위해 이 공연을 기획했어요. 퀘벡에서 첫 쇼를 선보인 후 지금까지 전 세계 120여 개 도시에서 상설공연과 순회공연을 하고 있답니다.

퀘벡의 동쪽 끝, 가스페 반도

이번 코스는 16세기 초 프랑스의 탐험가 자크 카르티에가 처음 발견한 역사적인 땅 '가스페지(Gaspesie)' 여행이랍니다. 그중에서도 하루에 두 번 물이 빠지면 걸어서도 갈 수 있는 거대한 바위섬, '페르세 록(Perce Rock)'을 구경할 거예요. 여기는 가스페지에서도 상징적인 곳인데요, 왜냐하면 인간의 상상력으로는 도저히 풀어낼 수 없는 거대한 자연사의 비밀이 숨어 있기 때문이에요. 그 비밀이 뭔지 궁금하시죠? 그럼 빨리 페르세 록으로 가볼까요?

페르세 록은 길이 450미터, 폭 90미터, 높이 85미터로 가스페 반도 동쪽에 위치한 약 500만 톤의 석회암으로 이루어진 섬이에요. 사진을

페르세 록

한번 자세히 보세요. 이곳은 지층이 세로로 놓여 있는 게 아주 특이하죠. 땅이 세로로 쌓였을 리는 없고 말이에요. 맞아요, 원래는 가로로 쌓였었는데 '오르도비스기(Ordovician Period, 고생대의 두 번째 지질시대)', 즉 지금으로부터 5억 년 전 지층이 가로로 쌓였던 것이 양쪽으로 힘을 받아 수직이 된 거예요. 얼마나 강한 힘이 가해졌기에 지층까지 바뀌었을까요? 실로 자연의 힘이란 무시무시하기도 해요.

또 오르도비스기 말고 데본기(Devonian Period, 고생대의 네 번째 지질시대)에 지층이 쌓인 지역도 있어요. 이곳을 걷다 보면 1억 년의 세월을 지나가는 것이 되죠. 한 발짝 한 발짝 내딛을 때마다 몇 천 년에서 몇 만 년을 지나간다고 생각하시면 되는 거예요. 그러니까 그냥 바위섬을 걷는 게 아닌 세월을 걷고 있는 거라고도 할 수 있죠.

역사적인 땅인 이곳 가스페지(가스페 반도)에는 또 다른 멋진 풍경이 있답니다. 바로 육지에서 배를 타고 20여 분 들어가면 나오는 '보나방튀르 섬(Bonaventure Islands)'이에요. 1919년 철새보호구역으로 지정되어 현재 약 28만 마리 이상의 새들이 서식하는 곳이죠. 이곳을 방문하려면 섬의 구조 등 간단한 교육을 받아야만 들어갈 수 있어요.

섬을 빼곡히 채운 새들 좀 보세요. 정말 굉장하네요. 저 새들은 '북방가넷(Northen Gannet)'이라고 하는 바닷새로, 북대서양 동부와 서부 연안에 분포한답니다. 꼭 모래사장에 조개껍질이 촘촘히 덮여 있는 것처럼 장관이죠?

사실 이 섬은 40년 전만 해도 주민들이 살던 땅이었어요. 그런데 매

년 20만 마리가 넘는 새들이 날아오면서 1970년 섬 전체가 국립공원으로 지정되었고 주민들은 자신들의 터전을 새들에게 양보했죠. 처음부터 이 섬에 새가 많았던 건 아니고요. 19세기쯤 북방 가넷이 처음 발견된 후 1930년부터 약 4년간 바닷물이 차오르면서 새들이 서식할 수 있는 땅이 점차 줄어들게 되었던 거예요. 그래서 새들의 서식지가 점차 안쪽으로 들어오게 되고 새들의 수가 늘어나면서 섬 안쪽으로 점점 확장되었던 거랍니다. 현재 매년 4월부터 10월까지 이곳을 찾는 북방 가넷은

북방 가넷

약 26만 마리로 세계에서 가장 큰 서식지가 바로 보나방튀르 섬이에요.

이것으로 캐나다 동부 여행을 마무리할까 해요. 토론토에서 출발해 나이아가라, 퀘벡시티를 거쳐 이곳 가스페 반도까지 왔네요. 이번 여행은 강과 바다가 섞이는 땅 끝에서 마치게 되었어요. 이곳에서 유유히 흐르는 물처럼 있는 그대로의 자연에 순응하며 살아가는 공존의 지혜를 배워 간다면 그보다 유익한 여행은 없을 거예요.

미국

캐나다

후버 댐
벨라지오 호텔 분수쇼

그랜드캐니언
콜로라도 고원
스카이워크

비행기 무덤
풍력발전소
캘리코 은광촌

라스베이거스
그랜드캐니언 국립공원

모하비 사막
로스엔젤레스

태평양

대서양

멕시코

할리우드로드
유니버설 스튜디오
비벌리힐스
LA다운타운
올베라 거리
코리아타운

United States of America

자연이 만든 거대한 박물관, 미국

📍 북아메리카의 두 번째 나라 미국을 여행할 차례가 되었네요. 캐나다 보다는 작지만 미국도 세계 3위의 면적을 가진 나라여서, 제대로 보려면 한두 달 갖고도 모자랄지 몰라요. 그래서 아쉽지만 이번에는 미국의 남서쪽 위주로 여행을 하려고 합니다. 남서쪽이면 너무나도 잘 알려진 그랜드캐니언이 있는 곳이죠. 그 밖에 샌프란시스코라든가 로스앤젤레스, 라스베이거스 등등의 도시가 미 서부를 떠올릴 때 생각날 거예요. 그리고 무엇보다 서부는 자연경관을 빼놓을 수 없다는 거 알고 계시죠? 이번 여행 코스는 서부의 대표적인 국립공원 그랜드캐니언에 들렀다가 네바다 주에 있는 화려한 밤의 도시 라스베이거스로 이동, 거기서 여행

을 한 뒤 할리우드로 유명한 로스앤젤레스를 둘러보는 것으로 잡았답니다. 그럼, 미국의 서부를 체험하러 출발해봅시다.

자연이 만든 작품, 대협곡

첫 여행지는 서부의 대표적인 국립공원인 그랜드캐니언(Grand Canyon)이에요. 이곳은 애리조나 주에 속해 있는데, '그랜드캐니언의 주'라는 별명이 있을 정도로 애리조나의 대표적인 여행지랍니다.

그랜드캐니언을 감상하는 포인트가 여러 곳에 있는데요, 특별히 더 잘 볼 수 있는 방법을 알려드릴게요. 하나는 자동차나 기차를 이용해 도착한 다음 방문자센터를 지나 고원의 정상에 있는 전망대에서 아래쪽을 내려다보는 방법이에요. 전체적으로 협곡을 관찰하기 좋고 무엇보다 시간이 촉박한 사람들에게 알맞은 방법이죠. 또 하나는 헬기나 경비행기를 타고 공중에서 그랜드캐니언을 만끽하는 거예요. 헬기 투어의

경비행기 투어

그랜드캐니언

헬기 투어

경우에는 비행 요금이 비싸긴 해도 전망대에서 볼 때와는 다른 느낌을 주기 때문에 볼 만하거든요. 그 밖에 자동차나 셔틀버스로 주요 포인트를 들러가며 즐길 수도 있고, 조금 천천히, 그리고 자세히 둘러보고 싶다면 걷거나 자전거를 이용하는 방법도 있답니다. 이중에서 우리는 경비행기를 타고 갈 예정이니까요, 비행기 안에서 그랜드캐니언을 감상해보도록 해요.

미국 서부의 내륙 불모지대는 산맥보다는 고원들로 이루어져 있어요. 기복이 심한 부분도 있기는 하지만 완만한 퇴적암 지층이 이 지역을 떠받치고 있죠. 이들 고원 중 가장 극적인 장관을 연출하는 곳이 유타 주와 애리조나 주의 콜로라도 강 중·상류에 자리 잡은 '콜로라도 고원(Colorado Plat)'이랍니다. 콜로라도 고원은 애리조나, 유타, 콜로라도,

콜로라도 고원

뉴멕시코 주 등 여러 주에 걸쳐진 대지인데요, 이 고원 사이를 콜로라도 강이 흐르고 있죠. 콜로라도 고원의 멋진 풍경은 콜로라도 강과 그 지류들 때문이에요. 콜로라도 강은 로키 산맥에서 발원하여 건조지대인 이 지역을 가로질러 흐르는 외래 하천으로, 이곳과 같은 건조한 자연환경에서는 식생의 피복이 적고 강수도 폭우성인 경우가 많기 때문에 습윤지역에 비해 하천들이 침식작용을 크게 일으켜요. 그랜드캐니언도 콜로라도 강의 침식을 받아 형성된 것이랍니다. 콜로라도 강의 끊임없는 침식작용을 받아 형성된 깊은 협곡이 중첩되어 그랜드캐니언뿐만 아니라 브라이스캐니언(Bryce Canyon) 등 매우 경이로운 자연경관이 연출된 것이죠.

그랜드캐니언은 길이가 약 445킬로미터, 너비가 6~30킬로미터,

콜로라도 강

브라이스캐니언

깊이가 평균 1.6킬로미터로 세계에서 가장 깊은 계곡 중 하나예요. 이 곳은 약 20억 년 전 지각 작용과 화산 폭발 등으로 하층의 기반암이 만들어진 이후, 바다와 육상에 침전물이 쌓이면서 여러 가지 퇴적층이 형성되었고 7천만 년 전에 지각의 융기로 콜로라도 고원이 생겨났지요. 그 이후 콜로라도 강이 콜로라도 고원을 침식하면서 지금의 그랜드캐니언이 만들어진 거예요.

이 지역은 주로 건조 또는 반건조 기후라서 강수량에 비해 침식이 깊게 이루어집니다. 그랜드캐니언의 협곡을 만들어낸 가장 중요한 힘은 물과 얼음이에요. 건조한 사막이나 반사막 지대에서 물이 지형 형성에 큰 역할을 했다고 하니 의아하시죠? 하지만 사막이기 때문에 오히려 물이 커다란 역할을 할 수 있는 것이랍니다. 암석 틈으로 들어간 물이 얼면 팽창해서 틈을 더욱 넓혀주는데, 이로 인해 암석의 가장자리 부분이 떨어져 내리게 되죠. 이러한 과정을 거쳐서 깊은 협곡이 만들어지는 거예요. 떨어져 내린 암석은 다른 암석과 충돌해 멈추기도 하지만 아주 큰 암석이 낙하할 경우에는 산사태가 일어나기도 한답니다. 산사태에 의해 협곡에 쌓인 바위나 암석은 홍수가 날 때 콜로라도 강을 따라 하류로 운반돼요. 강물이 붉은색에서 청록색으로 바뀌는 곳도 있는데, 이렇게 색깔이 달라지는 것은 침식물의 종류와 양이 다르기 때문이죠.

그랜드캐니언을 구성하는 양쪽 벽에 여러 가지 색깔의 지층이 드러나 있는 게 보일 거예요. 화석이나 방사성 원소를 이용하여 이들 지층의 연대를 측정한 것을 보면, 선캄브리아대와 고생대의 지층이 대부분이

지층이 드러난 그랜드캐니언

에요. 이들 지층도 모든 지질 시대를 망라하여 퇴적되어 있는 건 아니고 군데군데 지층이 결여되어 부정합을 나타내고 있죠. 그리고 중생대 이후의 지층은 좀처럼 볼 수가 없답니다. 이렇게 수억 년도 넘는 세월 동안 자연이 만들어놓은 작품을 보고 있으려니 마치 거대한 박물관에 들어와 있는 기분이 들지 않으세요?

　　U자형의 인공전망대도 보이네요. '스카이워크'라고 하는데 그랜드캐니언에 설치된 유일한 전망대예요. U자형의 구조물이 공중으로 튀어나와 있고, 바닥이 유리로 되어 있어 꼭 절벽 위를 걷는 것 같은 느낌이 든답니다. 우리나라의 강원도 정선에 있는 '병방치 스카이워크'가 이것

스카이워크

과 비슷한 거라고 이해하시면 될 거예요. 경관을 보면 골짜기는 수직으로 좁고 깊게 파여 있어요. 수직 절벽에는 서로 다른 퇴적층이 교대로 나타나는데 단단한 바위에서는 완경사면, 좀 무른 바위에서는 급경사면을 이루고 있죠. 맨 위 퇴적층은 사면이 계단 모양을 나타내기도 해요.

이것으로 그랜드캐니언의 관광을 마칠까 합니다. 참, 미국의 서부에는 그랜드캐니언 말고도 브라이스캐니언, 자이언캐니언(Zion Canyon) 등 다른 협곡들도 있다는 거 잊지 마세요. 특히, 이 세 개의 캐니언을 미국의 '3대 캐니언'이라고 부른답니다. 시간이 있으면 전부 가보고 싶지만 그럴 수 없어서 아쉽네요. 사실 국립공원을 하루 만에 다 둘러보는 건

브라이스캐니언

무리인데요. 그랜드캐니언의 넓이만 해도 제주도의 2.7배에 달한다니 어느 정도 크기인지 실감이 나시죠? 그럼 아쉬움은 떨쳐버리고 이제 다음 목적지인 라스베이거스로 가보죠.

📍
브라이스캐니언(Bryce Canyon)

면적은 145제곱킬로미터이고, 일부 지역이 국립기념물로 보호지정된 지 5년 뒤인 1928년에 국립공원으로 지정되었어요. 유타 주 남서부에 있는 일련의 거대한 계단식 원형분지로, 미국에서도 가장 유명한 국립공원 가운데 하나죠. 브라이스라는 이름은 초기 정착자의 이름에서 유래한 것이에요. 브라이스캐니언 골짜기에는 수백만 개의 대규모 돌기둥이 있어요. 이 돌기둥들은 일출과 일몰 때 붉은색의 빛

깔을 띠는데, 그 모습이 장관이에요. 이 돌기둥을 지질학적 용어로 '후두(침식작용으로 생긴 기괴한 모양의 바위기둥)'라고 하는데 이렇게 한꺼번에 많은 후두가 형성된 곳은 브라이스캐니언이 유일하답니다.

자이언캐니언(Zion Canyon)

'성스러운 산'이라는 뜻의 자이언캐니언은 유타 주 남서부에 위치하고 있어요. 자이언캐니언은 모래의 퇴적으로 형성된 사구가 사암으로 굳어진 뒤 침식작용을 받아 형성된 거예요. 그래서 거대한 암석이 많죠. 이곳은 지난 4백만 년간 버진 강의 북쪽 지류인 노스포크 강에 의해 깎여왔는데요, 앞으로도 버진 강이 수천 미터는 더 깎아낼 것으로 지질학자들은 내다봅니다. 가파른 절벽을 푸르게 장식한 숲과 폭포, 멋진 사암기둥들이 여기저기 흩어져 있어 성스러운 분위기가 느껴지는 곳이에요.

사막에 있는 화려한 도시, 라스베이거스

라스베이거스(Las Vegas)는 그야말로 환상적인 밤과 관광의 도시죠. 화려한 카지노랑 최고급 호텔이 들어찬 큰 도시가 서부의 사막 한가운데에 있다니 신기하기도 해요. 여기서 잠깐, 라스베이거스의 역사를 간략히 말씀드릴게요.

라스베이거스가 처음부터 화려하진 않았어요. 과거에는 주민 수입의 대부분이 소규모 광업과 축산업이었던 적도 있었죠. 1905년 철로가 들어서면서 도시 형태를 갖추었고, 1936년 당시 최대 규모인 '후버 댐(Hoover Dam)'이 건설되면서 급속도로 발전하기 시작했던 거예요. 그랜드캐니언에서 라스베이거스로 넘어올 때 지나쳤던 댐이 있는데요, 그게 바로 콜로라도 강을 막아서 만든 후버 댐이에요. 완공 당시에는 세계 최대 규모의 전기 설비이자 콘크리트 구조물로, '볼더 댐'이라고 불렸으나 1947년 후버 대통령을 기념하기 위해 지금의 이름으로 바뀌게 되었죠. 암석 사막지대에 있는 이 댐은 인근지역의 관개용수 공급 및 콜로라도 강 하류의 홍수 방지를 위해 건설된 다목적댐이랍니다.

네바다 주와 애리조나 주 경계선에 있는 이 댐은 네바다와 애리조나 그리고 캘리포니아에까지 전기를 공급하고 있으며, 애리조나와 네바다를 이어주는 도로 역할도 하고 있어요. 댐이 건설되는 동안 노동자들이 여가를 즐기기 위해 라스베이거스를 찾았고 그것이 라스베이거스 발전의 시발점이었어요. 라스베이거스에서 필요한 많은 양의 전기를 후버

라스베이거스 야경

카지노

후버 댐

라스베이거스의 환영 간판

댐이 담당함으로써 이 도시는 더욱더 발전할 수 있었던 거고요. 사막 한 가운데 생겨난 도시가 바로 수자원 덕분이라니, 결국 라스베이거스는 인간이 사막 한가운데 만든 도시라기보다 자연의 거대한 작품이 아닐까 하는 생각도 들어요.

라스베이거스가 카지노로 유명한 곳이다 보니 대부분 물가가 비싼 도시일 거라고 생각하시지만, 사실 의외로 그렇지 않습니다. 이곳은 도박에 의한 수입이 많기 때문에 호텔이나 음식, 쇼 같은 공연을 다른 도시보다 저렴하게 이용할 수 있어요. 다른 즐길 거리를 저렴하게 제공함으로써 관광객들을 오래 머물게 하려는 상술이기도 하죠. 또 화려한 외관과는 달리 호텔 객실이 검소한 곳들이 있는데, 이것은 시설이 좋으면

카지노 전경

평범한 호텔방

투숙객들이 카지노보다 객실에 오래 머무를 것을 염려해서라고 해요. 보이는 게 전부가 아니라는 말이 무슨 뜻인지 아시겠죠?

라스베이거스의 호텔 중 벨라지오 호텔의 분수쇼는 굉장히 유명해요. 저녁이면 15분에 한 번씩 분수 쇼를 하는데 이것도 당연히 무료로 구

벨라지오 호텔 분수쇼

경할 수 있답니다. 분수가 음악에 맞춰 춤을 추는데 그야말로 장관이죠.

라스베이거스가 유흥의 도시로 발전할 수 있었던 요인에 대해 웃지 못할 사실을 소개해볼까요? 1930년대에 대공황이 몰아닥치자 네바다 주는 두 가지 중요한 법을 만들었어요. 하나는 이혼법이고 또 다른 하나는 카지노를 합법화하여 세금을 부과하는 것이었죠. 따라서 이혼 수속이 간단하기 때문에 이혼을 하려는 전국의 많은 사람들이 이곳으로 몰려들었다고 해요. 그래서 '이혼의 도시'라는 별명도 생겼고요.

라스베이거스가 어떻게 척박한 사막 위에서 화려한 도시가 될 수 있었는지 그 배경이 이해가 되시죠? 반가운 사실은 최근 라스베이거스가 기존의 흥청망청 노는 '카지노 도시'라는 부정적인 이미지를 벗고 남녀

라스베이거스 전경

노소 누구나 즐길 수 있는 '엔터테인먼트 도시'로 거듭나려는 노력을 하고 있다는 점이랍니다.

　자, 그럼 마지막 여행지 캘리포니아의 로스앤젤레스로 가볼까요? 로스앤젤레스까지는 차를 타고 이동할 건데요. 그때 모하비 사막과 캘리코 유령마을을 지나게 되니 잠깐씩 얘기를 하고 넘어갈게요.

　모하비 사막(Mojave Desert)이 보이시나요? 모하비 사막은 캘리포니아 주의 남동부를 중심으로 네바다 주, 유타 주, 애리조나 주에 걸쳐 있는 고지대 사막이에요. 그 사막 가운데에 라스베이거스가 위치하고 있는 거고요.

모하비 사막

비행기가 어마어마하게 많이 있는 모습이 보일 텐데, 이곳을 '비행기 무덤'이라고 불러요. 1969년 후반 월남전이 끝나면서 미국 정부는 항공기를 임시로 보관할 장소로 모하비 사막을 선택했죠. 1년 내내 건조한 이곳은 비행기를 보관하기에 최적의 장소였던 거예요. 단, 모래가 비행기 부품에 들어가면 고장 날 수 있기 때문에 빈틈을 철저하게 막아서 보관해야 한대요. 사실 처음에는 다시 사용할 수 있는 항공기를 임시로 보관하는 목적이었지만, 자원이 풍부해지고 산업이 발달하면서 항공 부품 소재를 재생하는 것보다 생산하는 가격이 오히려 싸져버렸어요. 결국 항공사들과 미국 정부는 항공기를 폐기 처분하지 않고 모아두어 '비행기 무덤'이 되었답니다.

바람개비처럼 돌고 있는 풍력발전소도 참 많이 보여요. 사막의 바람

비행기 무덤

을 이용하여 전기를 일으키도록
풍력발전장치를 설치해놓은 거
랍니다. 태양열이나 태양광을 이
용한 대규모의 발전소도 눈에 띄
는군요. 사막기후 지역은 일조량
이 많고 비가 내리거나 구름이 끼
는 날이 적어 태양열이나 태양광
을 이용하기에 적합한 지역이에
요. 흔히들 사막은 쓸모없는 땅
이라고 생각하지만, 모하비 사막
을 보면 꼭 그렇지만도 않은 것
같아요.

풍력발전소

태양광발전소

한참을 달리다 보니 언덕 위
에 'CALICO'라고 써져 있는 게
보이네요. 바로 이곳이 캘리코
은광촌이랍니다. 언덕 위의 흙 색깔이 초록색을 띠는 게 희한하죠? 이
건 은이 산화해서 생긴 색깔이에요.

앞에서 이곳을 '캘리코 유령마을'이라고 말했던 걸 기억하시나요?
이 마을이 어쩌다 유령마을이 되었을까요? 그 사연을 지금부터 소개해
볼게요.

1881년에 형성된 캘리코 은광촌은 초기에는 작은 마을이었지만 연

언덕 위에 써진 CALICO

간 1천만 달러 이상의 은이 쏟아져 나오면서 빠른 시간에 캘리포니아에서 가장 부유한 마을 중 하나로 성장했어요. 그러나 1890년 중반, 은 가격이 폭락하면서 인구가 급격히 빠져나갔고 그 결과 캘리코는 타운으로서의 기능을 상실한 채 폐광촌이자 유령도시로 전락하고 말았죠. 이 같은 이유로 유령도시가 된 곳은 남 캘리포니아에만 60여 군데가 되고 뉴멕시코, 애리조나, 유타 등의 서부 일대를 포함하면 천 군데가 넘는다

캘리코 마을

고 해요.

캘리코가 유령마을이 된 이유가 하나 더 있는데요, 중국인 노동자들이 이곳에서 노예처럼 은을 캐는 데 혹사당했고 더운 날씨와 열악한 환경으로 그중 많은 사람이 사망했다고 해요. 그들의 공동묘지가 마을 입구의 왼쪽 부트 힐(Boot Hill)에 있는데, 밤이 되면 그곳에서 귀신들의 흐느낌이 들린다고 하여 유령마을이라 불리는 거랍니다.

📍
캘리코 유령마을(Calico Ghost Town) 가는 데 걸리는 시간

캘리코 유령마을은 서부 개척시대의 은광촌을 체험할 수 있는 유적지예요. 차를 타고 로스앤젤레스에서 2시간 30분(233km), 라스베이거스에서 2시간 30분(233km), 샌디에이고에서 3시간 45분(285km), 샌프란시스코에서 9시간 25분(707km), 그랜드캐니언에서 6시간 15분(590km)가량 걸리는 곳이랍니다. 특히, 그랜드캐니언을 가는 길목에 위치하고 있어 지루한 사막 여행길에 꼭 들르는 관광 명소이기도 해요.

영화산업의 중심지, 로스앤젤레스

미국에서 가장 인구가 많은 도시가 뉴욕이라는 것은 대부분 잘 알고 계실 거예요. 그럼 두 번째로 인구가 많은 도시는 어디일까요? 워싱턴? 보스턴? 시카고? 정답은 바로 이곳 로스앤젤레스(Los Angeles)랍니다. 미국에서 두 번째로 인구가 많은 도시이자 서부에서는 가장 발달한 도시죠.

로스앤젤레스는 1781년 서민들이 주로 거주하는 올베라 거리(Olvera Street)에 스페인 이민자들이 둥지를 틀면서 발전하기 시작했어요. 그래서인지 가난한 이민자들의 꿈과 번영을 약속해주는 희망의 도시로 자리를 잡았고, 지금까지 무척 다양한 인종이 모여 살고 있죠. 우리나라와 미국을 오가는 관문 역할을 하고, 많은 한인들이 모여 사는 '코리아

로스앤젤레스의 전경

타운'이 형성되어 있어 더욱 친근하게 느껴지기도 해요. 처음에는 제조업과 군수업이 번성했으나 차츰 쇠퇴하고 지금은 광고, 컴퓨터 프로그램, 회계 등 각종 서비스업이 최대 산업으로 발돋움했어요. 그런데 무엇보다 로스앤젤레스 경제의 견인차 노릇을 하는 건 세계 영화산업의 대명사 '할리우드'와 꿈과 모험의 놀이동산 '디즈니랜드' 등으로 대변되는 영화와 관광산업이에요. 그런 의미에서 로스앤젤레스의 첫 여행지는 '할리우드(Hollywood)'로 정했답니다. 그동안 다양한 매체를 통해 많이 접했겠지만, 이번 기회를 빌려 조금 더 자세히 들여다볼 수 있었으면 좋겠네요.

할리우드에 왔으니 왜 로스앤젤레스가 영화산업의 중심지가 됐는지 얘기해볼까요? 그건 조금 생뚱맞게도 이곳 기후와 관련이 있는데요, 로

로스앤젤레스의 야경

할리우드

디즈니랜드

바다와 야자수 등 다채로운 자연경관을 자랑하는 로스앤젤레스

스앤젤레스는 비가 거의 내리지 않는 연중 온화한 기후잖아요. 만약 온 종일 비가 내려서 영화 촬영 일정에 차질이 생기면 제작비가 부담스러 워지겠죠. 하지만 할리우드에서는 이런 부담이 많이 줄어들었던 거예 요. 비가 내리지 않는 건조한 날씨는 습기에 민감한 영화 필름을 관리하 기에도 유리했죠. 또 한 가지, 주변의 자연경관이 다채롭다는 점도 한몫 했는데요, 바다가 배경인 장면을 찍고 싶으면 바다로 나가면 되고, 낙타 가 등장하는 사막 장면을 찍고 싶으면 주변 건조지대로 가면 됐으니까 요. 열대지방을 찍고 싶으면 야 자수와 꽃을 찍으면 되고, 겨울 이 배경인 장면을 담고 싶을 땐 가까운 산에 오르면 사시사철 쌓 인 눈과 얼음을 볼 수 있었고요. 이런 이유로 로스앤젤레스가 세 계 영화산업의 중심지가 되기에

할리우드 사인

명예의 거리

안성맞춤인 장소였던 거죠.

저 멀리 할리우드 사인이 보이네요. 할리우드를 상징하는 이 간판은 원래 할리우드 랜드라는 부동산회사의 광고판이었는데, 지금은 각 글자마다 스폰서를 따로 두고 관리를 받을 정도로 최고의 대접을 받고 있어요.

조금 더 걸어볼까요? 걷다 보면 바닥에 별이 있는 게 보일 거예요. 할리우드 대로에서 약 5킬로미터가량 이어지는 '명예의 거리'인데요, 이 별 하나하나에 유명한 영화배우, 가수 등 스타들의 이름이 새겨져 있답니다. 마이클 잭슨도 보이고, 샤론 스톤도 보이고, 어떤 분야에서 일한 사람인지 카메라나 TV, 레코드, 마이크 등의 모양으로 구분해놓은 것도 재미있어요.

다음 코스는 'TCL 차이니즈 시어터(TCL Chinese Theater)'예요. 항

이소룡 별   마이클 잭슨 별

상 최신 영화를 개봉하는 극장으로 유명하죠. 극장의 공식 명칭은
'TCL(The Creative Life) 차이니즈 시어터'이지만, 이전 이름인 '그라우맨
스 차이니즈 시어터(Grauman's Chinese Theater)'로 잘 알려져 있어요. 이름

TCL 차이니즈 시어터

유니버셜 스튜디오

처럼 외관과 내부가 중국풍으로 꾸며져 있고요. 이 극장 앞 광장은 스타
들의 손도장과 발도장이 찍혀 있어 사람들이 많이 모이는 장소랍니다.
2013년에 아시아 배우로는 최초로 우리나라의 안성기, 이병헌 씨가 이
름을 남겼죠. 이곳에 오게 되면 한번 눈여겨 찾아보세요.

　이제 다음 여행지로 가볼까요? 이곳 역시 영화산업과 관련된 장소인
데요, 바로 유니버셜 스튜디오(Universal Studio)랍니다. 유니버셜 스튜디
오는 할리우드에 인접하고 도심 근교에 위치하고 있을 뿐만 아니라 유
명 스타와 연계해 각종 프로모션이 가능하다는 이점을 살려 1921년에
설립되었어요. 이곳에 오면 영화의 본고장인 할리우드의 최신 영화 기
술과 무대 세트 등을 구경할 수 있어, 남녀노소를 불문하고 다들 좋아하

비벌리힐스

는 장소죠. 특히, 실제 촬영 장소로 사용되고 있는 오픈 세트를 경험할
수 있는 게 이곳의 최대 장점이에요. 유니버셜 스튜디오는 이곳 말고도
플로리다 주의 올랜도를 비롯해 일본의 오사카, 싱가포르 이렇게 총 네
곳에 있답니다. 영화를 테마로 한 놀이기구도 있지만, 그것보다는 영화
가 어떻게 만들어지는지, 어떤 효과를 쓰는지, 그리고 옛날에 촬영했던
세트장과 지금의 세트장을 비교해보는 경험이 무엇보다 중요할 것 같
다는 생각이 드네요.

이번엔 '비벌리힐스(Beverly Hills)'를 여행할 차례예요. 이곳은 할리우
드가 가까이 있어서 유명 영화배우나 사업가들이 많이 사는데요, 그래
서 고급 주택단지가 형성되면서 알려졌죠. 사실 비벌리힐스는 원래 인
디언들이 거주했던 도시예요. 그랬던 곳이 화려한 주택단지가 되어 유
명 호텔과 대형 백화점까지 들어서면서 관광객이 몰려들게 되었다니

생각할수록 격세지감이 느껴지는 대목이죠. 특히, 로데오 거리나 윌셔 거리는 명품을 취급하는 상점과 고급 식당이 많기로 유명하답니다.

이제 로스앤젤레스 여행의 마지막 코스인 'LA 다운타운(Downtown)'으로 출발해볼까요?

미국은 다양한 인종들이 어울려 살고 있는 나라로 유명하잖아요? 그래서 '인종의 모자이크 나라'라는 표현을 쓰곤 한답니다. '인종의 모자이크'라는 말이 생소하시나요? 그럼 혹시 '인종의 용광로'라는 말은 들어보셨어요? 둘 다 다양한 인종들이 모여 산다는 의미이긴 한데요, 용광로는 한곳에 어우러져 사는 것을 뜻하고요, 모자이크는 조각조각 흩어져 산다는 뜻이에요.

로스앤젤레스에는 같은 나라 사람들끼리 모여 사는 밀집지역이 있거든요. 우리가 잘 아는 코리아타운 말고도 리틀 도쿄, 차이나타운, 올베라 거리, 리틀 아르메니아 등의 커뮤니티가 형성되어 있죠. 이중 올베라 거리는 로스앤젤레스에서 역사가 가장 오래된 곳이에요. 1781년 스페인 사람들이 최초로 정착하면서 생겨난 곳으로, 멕시코 지배기를 거쳐 미국 영토에 편입되었죠. 200미터 정도의 좁은 길 양쪽에는 멕시코 레스토랑과 멕시코 공예품을 파는 상점이 많아요. 그래서 '멕시코 거리'라고도 불리죠. 이국적인 분위기 때문에 많은 관광객들이 방문하는 곳이 되었답니다.

코리아타운에 와보니 한국 음식이 먹고 싶네요. 이곳 로스앤젤레스

LA 다운타운

코리아타운

리틀도쿄

차이나타운

올베라 거리

멕시코 거리

코리아타운

코리아타운은 미국 내 최대의 한인 밀집지역으로 영어를 한마디도 못 해도 생활하는 데 전혀 지장이 없다고 해요. 한인 식품점, 세탁소, 의류 제조업체 및 봉제업체를 포함한 각종 제조업체뿐만 아니라 정부·공공 기관, 종교기관, 의료기관 등이 분포해 있어서 여기가 미국인지 한국인 지 분간할 수 없을 정도랍니다. 이처럼 로스앤젤레스에는 여러 나라의 밀집지역이 있기 때문에 마치 세계 여행을 하는 기분도 느낄 수 있죠. 이번엔 미처 다 둘러보지 못하지만 다음에 기회가 있어 오게 된다면 차 근차근 천천히, 마치 세계 여행을 하듯이 돌아다녀야겠어요.

아쉬움으로 가득한 미국 여행을 여기서 마칠까 해요. 못 가본 곳이 너무 많지만 시간 관계상 더 머물지 못하는 것이 안타깝네요. 하지만 이런 섭섭함은 태양의 대륙 남아메리카를 여행하는 것으로 달래보면 어떨까요? 그럼, 우리나라와 정반대편에 있는 남아메리카를 향해 출발!

코리아타운의 골칫거리, 홈리스 증가

미국의 늘어나는 노숙자는 이제 로스앤젤레스, 그것도 코리아타운에까지 그 영향을 끼치고 있습니다. 2017년 현재 로스앤젤레스의 노숙자 수는 3만 4천여 명으로 지난해에 비해 20퍼센트나 증가했는데, 시설 부족으로 이들 네 명 중 세 명은 거리에 무작정 방치되어 있다고 해요. 갈 곳 없는 노숙자들의 텐트는 코리아타운의 행인들이 지나다니는 인도까지 침범해 있는 상태죠. 이에 로스앤젤레스는 문제 해결을 위해 2016년 노숙자 비상사태를 선포했는데요, 따라서 노숙자 주거 시설과 재활 프로그램 확대를 위해 소비세까지 인상했답니다. 하지만 늘어나는 노숙자를 감당하기 힘든 상황이에요. 이렇게 노숙자가 늘어나게 된 이유는 무엇보다 미국의 주택 임대료가 계속 올라 정부 보조금에도 집을 얻을 수 없는 빈곤층이 거리로 내몰리고 있기 때문이랍니다. 이들은 지나가는 사람들에게 시비를 걸거나 상점에 들어가 돈과 음식을 요구하는 등 한인타운의 주민과 관광객들에게 큰 피해를 주고 있다고 하니 여행을 하신다면 각별히 주의하세요.

미국의 인종차별주의와 캐나다의 열린 내각

앵커 2017년 8월, 미국에서 인종차별주의가 다시 고개를 들고 있다고 합니다. 어떻게 된 일인지 미국 워싱턴에 나가 있는 특파원을 연결해보겠습니다.

기자 네, 인종 구성이 다양한 미국 사회에서는 인종 간 화합을 중요한 가치로 여겨왔는데요, 최근 인종차별적 사건들이 잇따르면서 미국의 시계를 과거로 되돌리고 있다는 우려가 나오고 있습니다. 지난 8월 12일 미국 버지니아 주 샬러츠빌에서는 KKK(쿠 클럭스 클랜) 등 백인우월주의와 네오나치 극우단체 회원 6천여 명이 집회를 열었는데요, 이러한 백인우월주의자 집회에 반대하며 행진하던 사람들을 향해 승용차가 돌진하는 테러가 일어나 1명이 숨지고 19명이 다쳤습니다. 이 사건으로 인종주의에 대한 비판 여론이 일고 있는 가운데, 지난 8월 25일 트럼프 대통령이 인종차별주의자 아파이오 전 경찰국장을 사

면해 또 한 번 미국 사회가 술렁였습니다. 아파이오는 인종 프로파일링을 통해 특정 인종만 집중적으로 추적하는 방식으로 그동안 히스패닉계 불법체류자들을 무차별 체포·구금해온 악명 높은 인물입니다.

앵커 트럼프 대통령이 취임 후 처음으로 행사한 사면권이 인종차별주의자에 대한 사면이라니, 의미심장합니다. 미국 사회의 반응은 어떤가요?

기자 트럼프 대통령의 이번 조치는 불법 이민 이슈를 부각시켜 백인 보수층 등 자신의 지지기반을 확고히 하려는 의도로 보입니다. 그동안 트럼프 대통령은 '미국 우선주의(America First)'를 내세우며 반(反)이민정책을 펴왔습니다. 일자리를 빼앗는 이민자를 막겠다며 멕시코와의 국경에 장벽을 세우고, 테러 방지를 위해 무슬림 입국을 금지하는 정책을 추진하기도 했습니

다. 이런 일련의 움직임에 무슬림, 히스패닉, 흑인들은 물론 국민 상당수가 비판하고 있으며, 이번 인종주의자 사면에 대해서는 민주당뿐 아니라 공화당 내에서도 비판이 일고 있습니다. 미연방수사국(FBI)과 국토안보부가 공개한 정보에 따르면 백인우월주의자들이 2000년 이후 작년까지 행사한 폭력은 26건에 달하며 이 과정에서 49명이 숨졌습니다. 이는 무슬림 극단주의자들에 의한 피해의 2배에 달하는 수치로, 백인우월주의자들은 미국 내에서 가장 우려스러운 극단주의 세력인 셈입니다.

트뤼도와 트럼프의 만남 (워싱턴, 2017년 2월)

앵커 미국 내에서 이웃 국가인 캐나다 정부를 부러워하는 시선이 있다면서요?

기자 네, 캐나다의 현재 정부 구성은 '열린 내각'으로 유명한데요, 다양한 출신과 경력의 소유자들로 정부를 구성한 만큼 다양성을 포용하는 정책을 펴겠다는 정부의 의지를 읽을 수 있습니다. 트뤼도 총리는 2015년 11월 초대 내각을 남성 15명, 여성 15명으로 구성해 화제가 되었습니다. 기자회견장에서 내각을 남녀동수로 구성한 이유를 묻는 기자에게 트뤼도 총리는 "지금은 2015년이니까"라는 답변을 해 세계적 이슈가 되었습니다. 캐나다 내각은 30대부터 60대까지 연령대도 다양하고, 전국적 지역 안배도 했을 뿐 아니라 무슬림과 시크교도, 장애인, 성소수자, 난민과 원주민 출신, 우주비행사와 버스운전사 출신 등 다양한 이들로 구성되어 화제를 모았습니다. 성·종교·인종의 구분을 뛰어넘어 화합의 실험을 해나가고 있는 캐나다 정부의 모습을 미국인들뿐만 아니라 전 세계의 많은 이들이 부러운 시선으로 지켜보고 있습니다. 🌐

―2017년 8월 27일

3부

정열의 땅, 태양의 대륙, 남아메리카

브라질

베네수엘라

가이아나

콜롬비아

수리남   기아나(프랑스령)

에콰도르

열대비숲(셀바스)
원주민 마을
아마조나스 극장

마나우스

아마존강

페루

대서양

브라질리아

볼리비아

커피 농장
상파울루 한인회관

태평양

리우데자네이루

칠레

파라과이

리우의 예수상
파벨라
코파카바나 해수욕장

이구아수 국립공원

상파울루

아르헨티나

이구아수 폭포
이구아수 브라질기념관

우루과이

6

Brazil

커피와 브릭스의 나라, 브라질

우리나라 사람들의 1인당 1년 커피 소비량은 얼마나 될까요? 놀랍게도 400잔이 넘는다고 해요. 또 우리나라의 커피 소비 규모도 세계적으로 많은 편이에요. 그렇다면 커피가 제일 많이 나는 나라는 어디일까요? 네, 바로 브라질입니다. 브라질 하면 커피 말고도 이구아수 폭포나 삼바 춤 등도 떠오르실 거예요. 그리고 하나 더, 브라질은 가톨릭 신자가 제일 많은 나라랍니다. 그러니 당연히 성당도 많겠죠.

지금부터 가볼 나라는 커피와 삼바, 이구아수 폭포, 예수상 등으로 유명한 브라질이에요. 남아메리카는 캐나다와 미국이 있는 북아메리카와 또 어떻게 다른지 비교해보면서 여행하면 더욱 좋을 것 같아요. 그

럼, 남미에서의 첫 번째 나라, 열정과 에너지가 넘치는 브라질 여행을
시작해볼까요?

문화, 경제의 중심지 남부지역

사진 속의 강을 좀 보세요. 이 강은 아르헨티나에서 브라질로 국경을 넘
다 보면 가장 먼저 보인답니다. 여기는 세 나라의 국경선이 만나는 곳이
에요. 브라질과 아르헨티나, 그리고 파라과이의 국경이죠. 브라질로 가
기 위해 다리를 건너야 하는데 다리 가운데에 국경선 표시가 있네요. 상
인들도 이 다리를 지나가려고 기다리는 모습이 보여요. 모두 여유 있는
표정을 짓고 있는 것이 평화로워 보이기까지 해요.

세 나라의 경계   다리에 있는 국경선 표시

이구아수브라질기념관   마테차 관련 상품

먼저 '이구아수브라질기념관'부터 들러볼까요? 국경선에 기념관을
만들어놓다니 신기하지 않나요? 브라질 사람들이 마테차 잎을 우려먹
는 용도의 물건도 있고, 그 밖의 여러 가지 기념품을 팔고 있으니 기회
가 되면 한번 들러보세요.

드디어 세계에서 가장 큰 폭포, 이구아수 폭포에 도착했어요. 정말

상인들

이구아수 폭포

입이 다물어지지 않을 정도로 어마어마하죠? 폭포 밑으로 가면 아예 비가 오는 느낌이 들 만큼 많은 물이 쏟아진답니다. 우선, 이구아수 폭포가 생긴 원인에 대해 말씀드릴게요. 1억 년 전, 여러 차례에 걸쳐 현무암이 쏟아져 나왔는데, 그 두께가 1,000미터나 됐다고 해요. 그 후 단층운동에 의해 일부 지역이 갈라졌고, 그중 단단한 암석

현무암

층이 위에, 연한 암석층이 아래에 있게 되면서 이렇게 폭포가 만들어진 거예요. 그리고 한 가지 더 알아야 할 사실은 이 이구아수 폭포가 1년에 3밀리미터씩 뒤로 후퇴한다는 점이에요.

상류로 올라가보면 엄청난 물이 흐르는 게 보여요. 넓이가 나이아가라 폭포의 네 배나 된다는 사실이 실감이 난답니다. 이 물을 따라 내려

폭포 바로 위의 모습

이타이푸 댐

가면 '파라나 강'과 만나는데, 물이 많고 지형 조건이 유리해 이 강에 당시 세계에서 가장 큰 댐을 만들었어요. 바로 '이타이푸 댐(Itaipu Dam)'인데요, 관광객들이 많이 찾고 있는 곳이죠. 지금은 중국의 양쯔강에 있는 삼협 댐이 가장 크다고 해요. 이타이푸 댐은 전력 생산을 목적으로 만들어진 댐이에요. 전력 생산 능력이 1,300만 킬로와트나 되거든요. 이것은 우리나라 원자력발전소 13개에 해당하는 양이랍니다. 전기는 대부분 브라질로 가고요, 브라질은 파라과이에 그 사용료를 지불하고 있죠.

폭포 구경은 이제 그만하고 브라질의 아름다운 항구도시 리우데자네이루로 가볼까요?

리우데자네이루(Rio de Janeiro)는 세계 3대 미항 중 하나로 꼽힌답니다. '리우'는 영어로 리버, 즉 강을 뜻하고요, '자네이루'는 재뉴어리,

리우데자네이루의 항공 사진

1월을 뜻해요. 그러니까 리우데자네이루란 이름은 '1월의 강'이란 뜻이죠. 이름도 도시만큼 아름다운 것 같지 않나요?

리우데자네이루에는 서울의 아파트나 빌딩 같은 고층건물이 거의 없어요. 이곳만 해도 유럽의 영향을 받아 아파트는 가난한 사람들이 사는 집으로 인식해 많이 짓지 않았다고 해요. 사진 아래 하얗게 보이는 작은 집 같은 건 바로 공동묘지인데요, 도시 한가운데 묘지가 떡하니 자리 잡고 있는 것도 특이하다면 특이한 점이죠.

여기까지 왔으니 예수상을 보러 가보죠. 그곳엔 케이블카를 타고 가야 하는데, 가는 길에 내려다보이는 해안 풍경이 정말 예술이랍니다. 푸른 바다와 수많은 요트들 그리고 산과 건물들까지 전부 잘 어울려요. 산 위쪽의 작은 집들에는 주로 가난한 사람들이 살고 있어요. 우리말로 달동네인데, 브라질에서는 '파벨라'라고 불러요. 파벨라는 브라질 여기저

도시 한가운데 위치한 공동묘지

케이블카

요트들

기에 있는데, 그곳엔 경찰들도 함부로 들어가지 못한다고 해요. 왜냐
하면 총을 가지고 경찰을 공격하는 주민들이 있기 때문이죠. 소수의
부자들이 대부분의 재산을 가지고 있고 가난한 사람들은 잘살 수 있

파벨라

는 희망이 없다고 하네요. 오직
축구 말고는요. 하지만 축구에
희망을 걸고 운동하는 아이들
이 어찌나 많은지 프로 축구선
수로 뽑히기도 쉽지 않은 형편
이라고 합니다.

예수상을 보러 온 관광객들

　예수상이 보이시나요? 예수
상을 보기 위해 수많은 관광객들이 와 있는 것도 보이시죠? 앞에서 말
한 것처럼 브라질에는 세계에서 가장 많은 가톨릭 신자가 있는 만큼 이
런 산꼭대기에 예수상을 만들어도 항상 북적거린답니다.

안개가 끼었을 때의 예수상

맑은 날의 예수상

코파카바나 해수욕장

삼바 춤

리우데자네이루 하면 코파카바나(Copacabana) 해수욕장을 빠트릴 수 없죠. 단, 조심해야 할 게 있는데, 소매치기가 굉장히 많기 때문에 항상 소지품을 잘 챙겨야 한다는 거예요. 이곳에선 삼바 춤을 구경해볼까 해요. 한눈에 보기에도 화려하고 신나는 춤을 감상하고 있노라니 꼭 아프리카 춤처럼 느껴지네요. 뭔가 원초적이고 정열적인 것이, 여성들도 건강하고 힘이 넘쳐 보여요.

리우데자네이루 여행은 이쯤에서 마치고 이제 상파울루로 가볼 차례예요. 상파울루(São Paulo)에서는 먼저 커피농장 구경부터 하려고요.

커피농장

커피농장은 브라질에서도 상파울루 부근에만 집중되어 있거든요. 왜냐고요? 기후와 흙 때문이죠. 커피나무는 기온이 갑자기 낮아지면 죽어버려서 기후 조건이 중요하거든요. 게다가 이곳의 흙이 커피나무가 자라는 데 좋다고 해요. 흙도 현무암이 풍화되어 붉은빛을 띠는데 이걸 포르투갈어로 '테라록사'라고 불러요. '테라'는 흙, '록사'는 붉다, 라는 의미죠. 라틴아메리카는 소수의 사람이 대부분의 토지를 차지하고 있는 경우가 많아요. 아마 이곳 커피농장도 마찬가지일 거예요. 커피나무는 키가 크지 않아 열매를 쉽게 딸 수 있는데요. 수확기가 되면 다른 곳에서 사람들이 와 열매를 따죠. 온 가족이 와서 따기도 하는데 이때 아이들은 학교도 가지 않는답니다. 이런 사람들을 '계절 노동자'라고

커피나무

테라록사

불러요. 그나마 커피를 따는 경우가
사탕수수 노동자보다는 낫다고 합
니다. 사탕수수는 잎이 날카로워 온
몸에 상처를 입기도 하고 보수도 워
낙 적다고 하니까요.

커피나무 열매 따기

　그럼, 우리 커피를 분류하는 시
설이 있는 곳으로 가봐요. 커피 원
두의 종류가 매우 다양한 것을 알
수 있어요. 커피 향을 맡았더니 식욕이 돋는 것 같네요. 식당으로 가서
요기라도 하고 움직일까요?

　처음 보는 노란색의 음식이 나왔는데요, 이건 바로 '카사바'라는 거
예요. 열대지방에서 많이 나는데 지역마다 부르는 이름이 다르답니다.
맛과 식감이 마치 고구마 같죠. 뿌리를 먹는다는 건 고구마와 같은데,
이건 카사바 나무의 뿌리를 먹는 거랍니다.

커피 분류 시설

다양한 커피 원두

📍
카사바(cassava)

마니옥, 유카, 만디오카, 타피오카 등 여러 가지 이름으로 불려요. 열대 혹은 아열대기후에서 자라며 키는 1.5미터에서 3미터로 사람 키만 해요. 길이가 20센티미터 정도인 뿌리를 먹는 건데요, 열대지역에서는 벼, 옥수수 다음으로 중요한 농작물이랍니다. 아프리카의 나이지리아에서 가장 많이 생산되고 베트남에서 수출을 많이 하죠. 콜럼버스가 아메리카에 오기 전부터 원주민들이 먹던 거었어요. 카사바는 빵, 푸딩, 칩, 가루 등 여러 가지 방식으로 요리해 먹는데, 우리나라에서도 카사바 칩을 파는 가게가 있습니다.

이제 상파울루 시내 구경을 해볼까요? 상파울루라는 이름도 포르투갈어인데요, '상'은 성인(聖人)이라는 뜻이고, '파울루'는 성경에 나오는 '바울로'를 말해요. 이곳 상파울루도 빈부의 격차가 큰 도시랍니다. 마당과 수영장까지 구비한 큰 저택에서 사는 사람이 있는 반면, 파벨라같

상파울루 거리

마당 있는 집

물건 파는 사람

한인 상가

이 가난한 동네에서 사는 사람들도 참 많죠. 파벨라에서는 마약 거래자들이 총을 가지고 있어서 경찰도 무장을 하고 다녀요. 거리에서 총격전이 벌어지기도 하고요. 호텔 경비원도 권총을 차고 있다니까요.

상파울루 역시 교통체증이 심한 탓인지 정체되어 있는 자동차로 가서 물건을 파는 사람이 있네요. 이건 우리나라와 비슷한 것 같아요. 우리나라 얘기가 나온 김에 한인들이 물건을 파는 상가에 가볼까요? 한인들은 주로 옷을 디자인해서 만들어 파는 일을 하고 있어요. 이곳 한인

가난한 사람들의 거주지

상가는 한때 남미 최대의 의류 패션의 중심 상가로 번성했지만, 최근에는 중국 제품과 남미 상인들에 밀려 위기를 맞고 있다고 해요. 몇 년 전만 해도 한국 동포 5만여 명은 브라질 상위 5퍼센트 안에 들어가는 상류층이 대부분이었죠. 브라질 의류업계의 큰손도 바로 한국인이고요. 그런데 최근 한인촌에서 봉제 하청 일을 하던 볼리비아 사람들이 옷을 만들어 싼값에 팔고 있다고 해요. 게다가 값싼 중국산을 수입해 파는 중국인들도 많고요. 그래서 2016년에는 이곳 한인 상가 3,700여 점포 가운데 400여 곳이 문을 닫았다고 합니다. 이건 13퍼센트로, 열 곳 가운데 한 곳이 문을 닫은 꼴이죠. 그나마 다행인 건, 틈새시장을 노리거나 패션의 트렌드를 신속히 따라가려는 자구 노력이 일기 시작했다는 거예요. 하루빨리 이들의 노력이 결실을 맺어 남미 최대의 의류 상가라고 불렸던 예전의 명성을 되찾았으면 좋겠어요.

중부 사바나 고원의 수도, 브라질리아

브라질에 왔으니 브라질리아(Brasilia)를 안 볼 수 없겠죠? 그런데 아쉬운 건 우리의 일정상 브라질리아는 비행기 안에서 봐야 한다는 거예요. 최종 목적지인 아마존강에 가기 전 비행기가 잠깐 브라질리아에 착륙하는데요, 그때까지 짧지만 브라질리아에 대해 이야기할게요. 물론 비행기는 풍경을 감상할 수 있도록 창가 자리를 잡았답니다.

비행기가 리우데자네이루 공항을 이륙하고 북쪽으로 계속 날아갑니다. 높은 산이 나타나더니 뒤이어 평탄한 지형이 보여요. 브라질 고원이죠. 물을 공급하기 위해 설치한 스프링클러의 둥그런 원도 보이고요. 여기는 재미있는 지형 현상이 나타나는데요, 농사짓는 평탄한 지형 아래

스프링클러를 설치한 마을

로 산처럼 보이는 풍경이 펼쳐진다는 거예요. 원래는 땅이 평탄했는데 비가 내려 흘러내린 하천이 그 평탄한 지형을 깎아서 골짜기와 능선이 생긴 거죠. 세상에는 우리가 평소에 상상하지 못했던 지형들도 많이 있다는 사실, 참 신기하죠?

어느덧 브라질리아에 도착했네요. 이곳에서 내리는 사람들은 공무

평탄한 고원보다 낮은 계곡

적운

원이나, 아니면 그 비슷한 일에 종사하는 사람들일 거예요. 시가지가 직선으로 규칙적인 게 계획도시라는 걸 알게 해주죠. 유명한 건축가가 비행기 모양으로 도시 계획을 했다고 해요.

그럼, 브라질 하면 놓칠 수 없는 곳, 아마존강을 향해 다시 날아올라 볼까요? 구름이 쌓여 있는 것처럼 보이는 적운을 뚫고 드디어 아마존강에 왔어요. 오는 도중에 연기가 피어오르는 게 보였는데, 바로 농사를 짓기 위해 숲을 태우고 있는 거랍니다. 비행기를 타고 오는 내내 느낀거지만 숲이 꽤 많이 없어지고 있었어요. 지구의 허파가 망가지고 있는 모습이었죠. 지구온난화가 가속화되고 있는 데다가 거름이 빗물에 씻겨 내려가기 때문에 화전을 해도 5년 이상 농사를 지을 수 없어요. 지력이 떨어져 농사를 못 짓게 되면 그 옆의 숲에 또 불을 지르는 거죠.

드디어 마나우스 공항에 도착했어요. 얼른 내려서 아마존강 탐험을 떠나봅시다.

브라질리아의 주택가

격자 모양으로 나누어진 푸른 주택가

계획도시 브라질리아

아마존강에는 배들이 많이 보여요. 저 배를 타고 아마존강을 오르내릴 예정이죠. 배의 규모가 어마어마해요. 이렇게 큰 배를 타고 강을 오르내리다니 아마존강이 바다 같다는 말이 실감이 나네요. 한 가지 더 놀라운 사실은 아마존강의 깊이가 우리나라 황해의 평균 깊이보다 깊다는 거예요. 강이 바다만큼 깊다니 정말 장난이 아니죠? 놀라운 사실이 하나 더 있어요. 아마존강의 수량이 엄청나다는 건데요, 아마존강이 바다로 내보내는 물의 양은 지구 전체 하천 유출량의 5분의 1이나 된답니다.

그리고 아마존강 바닥의 해발고도는 대서양의 해수면보다 낮아요. 만약 엄청난 강물이 계속 흐르지 않으면 아마존강의 본류 대부분으로 대서

아마존강의 배

아마존강의 큰 배

평탄한 퇴적층

양에서 바닷물이 밀고 들어올 거예요. 그럼 아마존강은 길고 거대한 만이

되는 거죠. 그만큼 아마존강이 경사가 완만하고 평탄하고 낮다는 의미예

요. 거대한 평야를 흘러간다고나 할까요. 강 옆을 보면 평탄한 퇴적층이

마나우스의 파벨라

성당과 고층건물

배 만드는 시설

잘 나타나 있죠? 과거에는 아마존강이 태평양으로 흘러가기도 했는데,
안데스 산맥이 올라오면서 이제는 동쪽의 대서양으로 흘러간답니다.

　저기 보이는 마을은 아마존강에서 가장 큰 도시인 마나우스의 파벨
라라고 할 수 있어요. 부두도 보이고 성당도 보이고 고층건물도 많네요.
그리고 여기저기 배를 만드는 곳이 많이 보여요. '텍사코'라고 써 있는
배는 다른 배들에게 기름을 공급해주는, 그러니까 떠다니는 주유소 같

셀바스숲속

나무 데크

은 거예요.

아마존강의 셀바스 숲속으로는 몸을 움직일 수 있는 빈 공간이 없기 때문에 그냥 들어갈 수는 없답니다. 그리고 모기가 엄청나게 많아요. 강의 수많은 지류를 따라 들어가거나 나무 데크를 따라 들어가야 하죠. 셀바스 숲속엔 호텔도 있어요. 관광객을 환영한다고 직원이 꽃을 주는 모습도 보이네요.

관광객을 환영해주는 모습

원주민 마을

여기까지 왔으니 배를 타고 원주민 마을로 가볼까요?

보세요, 강에서 빨래하고 집은 땅으로부터 떠 있죠? 열대기후 지역의 집들은 대체로 이렇게 고상식으로 짓는답니다. 시원하고 해충과 습기를 피할 수 있어서 좋아요. 마을에 와보니 태양광발전시설도 갖추고 있다는 게 놀랍네요. 마을사람들이 우리와 같은 몽골 인종이에요. 젊은 백인 의사들이 원주민 신생아들의 몽고반점을 보고 무슨 병에 걸린 줄 알았다는 일화도 있대요. 이곳 원주민들은 몸에 그림을 그리는 문화가 있다고 들었는데 정말이네요. 그런데 재밌는 건 이 사람들은 이곳에 사는 원주민이 아니라는 거예요. 다시 말해 이들은 관광객을 위해 마을에서 출퇴근하는 사람들이랍니다. 그걸 알고 보니 뭔가 속은 느낌도 살짝 드는 것 같아요.

<table>
<tr><td>태양광발전시설</td><td>원주민들</td></tr>
</table>

태양광발전시설   원주민들

다음 코스는 아마존의 가장 큰 도시 마나우스(Manaus) 시내를 둘러보는 거예요. 마나우스는 열대비숲(열대우림) 가운데 위치해 있는데요, 이 도시가 성장하게 된 이유는 나무와 관계가 있다고 해요. 나무 때문에 도시가 발달했다니 안 믿겨지시나요? 설명을 들으면 바로 이해하실 거예

마나우스 시내

고무나무

고무나무 잎

요. 먼저 여기서 말하는 나무는 바로 고무나무인데요, 브라질 수출에서 고무가 차지하는 비중은 1910년에 40퍼센트나 되었으니 당시 커피의 수출액과 비슷했던 거죠. 그때는 합성고무는 없었고 천연고무만 있었기 때문에 이게 없으면 자동차도 굴러갈 수가 없었죠. 자동차가 없으면 전쟁도 할 수 없으니 고무가 전쟁 무기이기도 했던 거예요. 그래서 고무가 현대 산업을 유지하고 브라질을 지키는 데 꼭 필요했던 거라고 말씀드리는 거랍니다.

고무로 엄청난 돈을 벌어들이면서 이 도시는 지구에서 가장 호화로운 곳이 되었어요. 얼마나 호화로웠냐면, 점심때 손님들에게 샌드위치를 가져다준 식당의 여종업원에게 팁으로 다이아몬드를 준 사람도 있었대요. 사람들은 런던과 파리의 최고급 재봉사가 만든 양복과 드레스를 입었고, 집 안의 가구는 유럽에서 수입을 했죠. 자식들은 영국으로 유학을 보냈고요. 물론 유학 경로는 아마존강을 따라 배를 타고 간 것이죠. 당시 '아마조나스'라는 극장을 만들었는데 건축 자재를 프랑스, 이탈리아, 중국 등지에서 수입해왔어요. 1897년 극장 개막식 때는 이탈리

아마조나스 극장

성당

버스정류장

아의 세계적인 가수 카루소가 이
곳까지 왔었으니 말 다했죠. 진짜
돈이 어마어마하게 많았던 모양이
에요.

마나우스 중심가에는 수산시장
과 아마조나스 극장, 성당도 눈에
띄어요. 그리고 버스정류장도 보
이고요. 버스에 '자연보호'라고 써
있는데, 아마존에서 자연보호 문
구를 보니 신기하기도 해요. 이곳 숲속엔 우리나라의 삼성과 LG 공장
도 있답니다.

아이들이 열대과일을 팔고 있는데요, 바로 망고예요. 도시 구경하느
라 힘들었는데 망고나 사서 호텔에 들어가 먹으며 좀 쉬어야겠어요.

삼성 광고판

LG 공장

호텔로 들어와보니 사람들이 모래밭에서 일광욕을 하고 물속에서 수영하고 있는 아마존강과 마나우스 시가지, 그리고 숲이 잘 보이네요.

망고 파는 아이

그럼, 이걸로 브라질 여행은 마치기로 하고요. 다음 코스인 신비의 나라 페루로 넘어가봐요. 몇 년 전 TV의 〈꽃보다 청춘〉 시리즈에서 중년이 된 세 명의 뮤지션이 준비 없이 여행한 바람에 더 유명해진 나라가 바로 페루예요. TV에 나와서인지 페루 여행이 한층 더 기대가 되는걸요?

마나우스 호텔 파사드 밖으로 보이는 백사장과 숲

페루

콜롬비아

에콰도르

브라질

태평양

○리마

○쿠스코

볼리비아

티티카카 호수

아르마스 광장
고고미술박물관
안데스 산지
알티플라노

사크사이와만 언덕
마추픽추

칠레

7
·'
Peru

🏴

잉카의 나라, 페루

📍 잉카인들의 독특한 문화와 흥겨운 리듬으로 가득 차 있는 나라, 페루를 여행할 차례입니다. 페루 하면 먼저 잉카문명이 떠오르시죠? 그런데 아메리카 선주민들이 잉카문명을 건설할 당시에는 철(鐵)이 없었다는 사실, 알고 계셨나요? 철도 없이 어떻게 그리 큰 바위를 쌓아 도시를 건설할 수 있었는지 그저 놀라울 따름이에요. 철뿐만 아니라 문자도 없었고, 소나 돼지, 말 등 네 발 달린 동물들도 없었죠. 그 밖에 천연두, 홍역, 티푸스, 콜레라 등 수많은 질병도 없었어요. 잉카제국이 전쟁에서 진 가장 중요한 이유는 바로 유럽인들이 가지고 온 콜레라 따위의 질병 때문이었답니다. 이런 질병에 대한 면역 능력이 없었기 때문에 모조리 죽어

나갈 수밖에 없었던 거죠. 어떤 경우에는 질병이 유럽 군인들보다 먼저 선주민들을 덮치기도 했어요.

이 지역에는 쌀, 밀, 보리가 없었죠. 대신 옥수수와 감자를 먹고 살았어요. 그리고 사유지도 없었습니다. 농토는 사적으로 소유하지 않았고, 공동으로 농사를 지었다고 해요. 이 나라는 문화가 우리와 많이 다르답니다. 정말 페루는 흥미로운 나라가 아닐 수 없어요. 그럼 이제부터 잉카문명과 마추픽추의 나라 페루를 여행해볼까요?

해안 사막의 거대 도시, 리마

먼저 페루의 수도 리마(Lima)를 보려고 해요. 호텔에 들러 짐을 푼 다음 움직일까요? 이 호텔은 세계적인 다국적 기업에 속한 곳으로, 우리가

리마의 호텔

지출할 달러는 페루인이 아닌, 다국적 기업에게 가게 되는 거예요. 씁쓸하지만 현실이 그렇답니다. 서울 강남의 고속버스터미널 근처에도 이 체인의 호텔이 있어요. 오성급 호텔이죠. 리마에서 이 호텔이 있는 곳은 바다에서 언덕처럼 올라와 있는데요, 이런 걸 뭐라고 하는지 기억하시나

해안의 자갈

해안단구

요? 맞아요, '해안단구'예요. 단구는 평탄한 지형이 올라온 곳을 말해요. 예전에 이곳 리마는 리마 강의 하구에 있는 거대한 충적평야였는데, 이 일대의 지반이 융기했어요. 이곳의 자갈을 보면 동그랗고 반질반질하거든요. 이런 자갈은 예전에 강이 흐를 때 강물에 의해 만들어진 거죠. 해안단구 아래에는 해수욕장과 공원이 해안을 따라 죽 이어져 있어요. 산책하거나 놀러온 사람들, 그리고 해수욕하는 사람들이 많아요. 페루에 온 만큼 여기 옥수수를 한 번 맛보세요. 옥수수 원산지가 이곳 아메리카라는 것은 알고 계시죠? 감자랑 고구마, 그리고 담배도 마찬가지고요.

지진 안전 지역 표시판

　인구가 8백만 명이 넘는 대도시 리마의 시내로 나가봐요. 호텔에서 나오다 보니 지진 안전 지역 표시판이 눈에 띄었어요. 안데스 산맥이 신기 조산대

감자와 옥수수

감자와 옥수수를 파는 시장 사람들

이니만큼 지진이 자주 일어나거든요. 그렇다고는 해도 신기 조산대가 있어서 고산지대에 잉카문명을 건설할 수 있었던 거예요. 신기 조산대가 없었으면 아마존강 유역처럼 열대림이 우거져서 사람이 살기 어려웠을 테니까요. 한 가지 더 덧붙이자면 산 위에 쌓인 하얀 눈은 물탱크 역할을 하고 있어요. 그 눈이 이 지대의 물의 원천이나 다름없죠.

페루는 해안에 사막이 많고 안데스 산지는 고산기후에 속해요. 안데스 산맥 동쪽의 해발고도가 낮은 지대에는 열대기후도 넓게 나타나고요. 이곳은 아마존강 상류이기 때문에 물길을 따라 배를 타고 브라질로 가는 관광 코스도 있죠. 여러 기후가 있어서 감자와 열대 과일 등 농산물이 다양합니다.

리마의 번화가에는 역시 사람들

안데스 설산

과일 파는 여성들

리마의 번화가

이 많네요. 위의 우측 사진을 자세히 보면 양쪽 건물 사이에 사막이 있어요. 흐릿하지만 사막 옆에 집들도 보이고요. 도시가 사막에 있다는 사실이 실감나지 않나요? 그리고 어쩐지 도시 분위기가 유럽 같아요. 페루는 스페인의 식민지였기 때문에 스페인식으로 디자인을 했답니다. 유럽은 광장을 사이에 두고 시청과 성당을 마주 보게 배치하는 경우가 많은데, 이곳도 그래요. 아르마스 광장이 시청과 성당 사이에 있거든요. 아무래도 사람들은 자기가 가지고 있는 사고의 프레임에서 벗어나기가 힘든 모양이에요.

뒷장의 사진 속 동상은 시몬 볼리바르(Simón Bolivar)의 것이에요. 볼리바르는 19세기 초 스페인으로부터 남미를 해방시키기 위해 앞장섰던 독립운동 지도자였거든요. 그

아르마스 광장

볼리바르 동상

를 기념하기 위해 동상을 세운 거죠. 볼리비아라는 나라를 아시죠? 우유니 소금사막으로 유명한 곳이요. 그 나라 이름도 이 볼리바르에서 나왔답니다. 여기서 잠깐 반성을 하자면, 이처럼 독립운동을 높게 평가하는 페루에 비해 우리나라는 일제강점기의 독립운동을 중요하게 다루지 않는 것 같아요. 일제강점기 때 독립운동가들이 없었다면 우리의 역사는 더욱더 암울했을 거예요.

다음 가볼 곳은 고고미술박물관이랍니다. 아담해 보이지만 잉카시

고고미술박물관

옥수수를 상징하는 조각

성 관련 전시물

대의 유물이 많이 전시되어 있어요. 잉카 사람들은 옥수수를 신성하게 여겼다더니 옥수수를 상징하는 조각도 보이네요. 그리고 그때는 성행위가 자유롭고 솔직했던 것인지, 성행위와 관련된 물건도 다수 전시되어 있어요.

그럼, 다시 리마 시내로 나가볼까요?

리마가 페루의 수도인 만큼 이곳이 대도시라는 건 짐작이 가시죠? 그런데 이처럼 큰 도시가 사막 위에 있다는 사실, 놀랍지 않나요? 도시가 유지되려면 기본적으로 엄청난 물이 필요할 텐데 사막이라면 물이 턱없이 부족하겠죠. 그러니 놀라지 않는 게 오히려 이상한 거 아닐까요? 그렇다면 이곳 리마는 어디서 물을 가져와 사용하고 있을까요? 바로 안데스 산지의 빙하가 녹은 물을 이용한답니다. 지구상에는 캘리포니아, 중앙아시아 등 높은 산의 눈 녹은 물을 이용하는 지역들이 있어

비행기에서 본 리마 시내

안데스 산지의 빙하 녹은물

요. 아주 오래전부터 그래왔죠. 페루는 물론이거니와 고대 잉카왕국 때도 그렇게 이용했던 거랍니다.

눈 녹은 물은 강이 되어 태평양 쪽으로 내려오게 되는데, 이곳 페루에는 그 하천이 운반한 토사와 자갈들이 쌓여 있어요. 하천이 운반한 재료에 의해 이루어진 평야를 '충적평야'라고 하고요, 이 평야의 땅속에는 물이 아주 많이 들어 있답니다. 그래서 그 지하수를 뽑아 올리는 거죠.

잉카시대의 물 이용방식

왼쪽 옆의 그림은 잉카시대에 물을 이용한 방식을 그린 거예요. 이곳에 초기부터 사람이 많이 살았냐고요? 아니에요. 그때는 사람들이 대부분 안데스의 높은 곳에 살았어요. 거주하기엔

그곳의 조건의 좋았으니까요.

　리마는 스페인의 식민지가 되면서 교역이 증가하고 인구가 늘기 시작한 거예요. 식민지 도시의 특징이 그렇듯, 유럽 사람들이 이곳에 들어온 이후에 해안도시가 발달했던 거죠. 해안도시로부터 철도와 도로가 내륙으로 뻗어나가면서 지역을 착취해갔답니다. 아무래도 식민지시대라는 사회 상황과 공간 구조는 서로 일정하게 영향을 주고받는 것 같아요. 우리나라 역시 일제강점기 이후 항구도시가 발달했던 것처럼요.

언제나 봄, 안데스 산지

이번에는 안데스 산지를 둘러볼까요? 비행기를 타고 가다 보면 하얗게 눈이 쌓인 걸 볼 수 있어요. 산 아래는 푸른데 높이 올라가면 눈이 쌓여 있는 게 신기하죠? 높이 올라가면 공기가 희박해지기 때문에 기온이 낮아지는 까닭이에요. 100미터 올라갈 때마다 1도씩 낮아지거든요. 산 아래는 키가 큰 나무 종류가 많아요. 그런데 올라가면서 키가 작아지다가 나중에는 풀이 자라는 곳이 나타나고 더 높은 곳에는 눈이 쌓이게 되죠. 페루의 쿠스코는 아침 기온 약 10도, 낮 기온은 20도가 조금 넘는 봄 날씨를 1년 내내 유지하고 있어요. 그러니 당연히 살기도 좋겠죠. 이처럼 적당한 높이에서 잉카문명이 만들어진 거랍니다.

빙하기에 원주민들이 아시아 대륙에서 베링해를 건너 알래스카를

안데스 설산

타라이 산

타라이 계곡 마을

지나 여기까지 이동했을 때 어떤 원주민들은 북아메리카에 정착한 반면, 어떤 원주민들은 이곳까지 와 살 만하다 느끼고 머물렀어요. 원주민 집단들의 이동 시기가 제각각이었을 테고 그들은 또 서로의 존재를 몰랐다고 봐야겠죠. 그들은 자기들이 움직인 땅들이 어떻게 생겼는지도 전혀 몰랐지 않았을까 싶어요. 이렇게 지리를 공부하려면 어느 정도 상상력도 필요하답니다. 물론 모든 학문이 그럴지도 모르지만요.

이번에는 버스를 타고 알티플라노(Altiplano)를 감상해보려고 해요. 버스로 해발고도 3,000미터 넘는 곳을 달리자니 머리가 어지럽고 토할 것 같은 게 고산병 때문이 아닌가 싶네요. 이 와중에 어떤 사람들은 야

잉카문명

외풀장에서 물놀이를 하고 있어요. 그러나 실은 물놀이가 아니라 온천
을 즐기고 있는 거예요. 이 지역은 신기 조산대이기 때문에 온천도 많고

온천을 즐기는 모습

온천수　　　　　　　　　　관광객을 위한 매점

지진도 많이 난답니다. 이곳 온천의 수온은 섭씨 54도 정도로 달걀이 반숙으로 쪄질 수 있는 온도죠. 이곳이 오지라 해도 이런 놀거리가 있어 관광객들이 많이 찾나 봅니다.

뒷장에 있는 사진을 한번 보세요. 산 능선이 칼로 자른 것처럼 보이는데 이것은 단층에 의해 잘린 거예요. 이렇게 잘리면 계곡 입구에 선상지가 발달해요. 선상지는 부채 모양의 땅이란 뜻인데요, 이렇게 선상지들이 계속해서 붙어 있는 것을 이곳에서는 흔히 볼 수 있답니다.

알티플라노(Altiplano)

'알티'는 높다, '플라노'는 평원이라는 뜻이에요. 해발고도가 2,000~3,000미터에 이르고 폭은 750킬로미터 정도죠. 이 정도의 폭은 서울에서 부산까지 거리의 두 배 가까이 될 만큼 엄청난 거예요. 산 사이에 있는 알티플라노는 하천이 흘러내려와 비옥한 흙을 하천 주변에 쌓았죠. 잉카 사람들은 이곳에서 감자, 옥수수, 콩 등의 농사

단층증거

선상지

를 짓고, 야마 등의 가축을 키우며, 도로를 만들고 도시를 건설하며 살았어요.
수많은 부족들이 각기 다른 분지에 자리를 잡았는데, 이들은 서로 협력하기도 했
지만 때로는 전쟁을 치르기도 했답니다. 침입해온 유럽 백인들은 서로 반목을 하
는 이 선주민들을 이용했는데요, 일부 선주민들은 유럽 백인과 연합하여 다른
선주민 세력과 전쟁을 벌였던 거예요. 때로는 인종이나 민족보다 자기들의 이해
관계가 더 중요하게 작용할 수 있다는 증거인 셈이죠.

페루 고산지대의 농촌은 가난하고 어렵
게 생활하고 있는 것 같아요. 집은 흙을 많
이 이용해 지었고 논 대신 밭이 대부분이랍
니다. 집 안에 있는 기니피그같이 생긴 동
물은 '꾸이'라고 하는 가축이에요. 식용 기
니피그라고도 하는데, 여기서는 귀한 가축
이라고 해요.

꾸이

📍
페루의 전통음식, 꾸이

기니피그를 구워 만든 요리로, 스페인 식민지 이전 시대부터 있어왔던 페루의 전통
음식이에요. 쇠고기가 일반화되기 이전의 중요한 단백질원이자 보양식이었죠. 예
전에는 귀한 음식이어서 신분이 높은 사람들만 먹었고, 제례의식에도 사용되었다
고 해요. 현재는 페루를 비롯해 아르헨티나, 볼리비아, 에콰도르 등에서도 대중적인
음식이죠. 영양가가 풍부하고 콜레스테롤이 적은 꾸이는 그래서 많은 사람들이 즐
겨 먹는답니다.

콩밭

농촌의 아이들

흙으로 만든 집

이제 잉카제국의 수도 쿠스코(Cuzco)를 여행해봅시다. 분지에 자리 잡고 있는 쿠스코는 아름다운 도시예요. 잉카 왕국이 있던 도시에 스페인 사람들이 새 도시를 건설한 거죠. 따라서 두 문화가 섞여 있답니다.

　쿠스코 시내가 한눈에 내려다보이는 사크사이와만(Sacsayhuamán) 언덕으로 가볼까요? 예전에는 여기에 거대한 축조물이 있었어요. 화강암과 석회암 등으로 튼튼하게 잘 만들어진 것이었죠. 그중 화강암은 여기서 수십 킬로미터 떨어진 곳에서 운반해왔는데, 문자도 없고 힘센 가축도 없었으면서 어떻게 수많은 돌을 가져왔는지 상상이 되지 않아요. 또 놀라운 사실은 쌓여 있는 바위가 규칙적이라기보다 면도칼로 무 자르

쿠스코

사크사이와만 언덕에서 바라본 쿠스코

듯 잘라서 포개놓은 것처럼 아귀가 딱 맞게 지그재그로 불규칙하게 만
들어졌다는 거예요. 이것은 지진에 대비하기 위해서인데요, 이렇게 하
면 지진이 일어나도 무너지지 않는다고 해요. 그러나 원래는 지금보다
건물 규모가 훨씬 컸는데 스페인 침략자들이 석재를 쓰기 위해 이 건축

축조물 자리

사크사이와만

지그재그로 쌓여 있는 모습   못 가져간 석재

물을 헐어서 자기들의 성당과 다른 건물을 지었답니다. 지금 남아 있는 것들은 무거워서 못 가져간 거라고 해요. 어쩌면 이집트의 피라미드와도 비교될 수 있는 건축물일 수도 있는데 정말 안타까운 일이죠.

이제 쿠스코의 시장을 구경하러 가봐요. 시장에는 과일도 많고, 빵도

쿠스코 시장

쿠스코 시장의 이모저모

빵

과일

마니옥

감자, 옥수수

코카 차

큰 게 이색적이고요, 감자랑 옥수수도 보여요. 감자와 옥수수는 종류가 다양해 보이는데 아메리카가 원산지인 게 실감이 나네요. 마니옥도 있고 마약 성분이 들었다고 하는 코카 차도 팔아요.

📍
옥수수

옥수수는 '메이즈(Maiz)' 또는 '초클로(Choclo)'라고 하는데, 안데스 지역에만 170여 종이 있어요. 경작할 수 있는 범위는 해발고도 3,300미터 이하예요. 안데스 선주 민들은 옥수수를 신성하게 여겼어요. 옥수수는 한 알을 심으면 500알 이상을 거 둘 수 있어 적은 일손으로도 높은 생산성을 자랑하는 작물이죠. 옥수수를 재배하 는 데 1년에 50일의 노동밖에 필요하지 않아 나머지 많은 노동력을 거대한 잉카문 명과 아스텍문명을 비롯한 여러 남미 문명을 이룩하는 데 쓸 수 있었답니다. 현재 옥수수는 생산량이 8억 톤으로 세계 농작물 가운데서 가장 많아요. 옥수수의 뒤를 이어 밀과 쌀의 생산량은 7억 톤 수준입니다.

드디어 페루 여행의 절정, 마추픽추(Machu Picchu)에 갈 시간이 되었 어요. 높이 올라오니 산들이 구름으로 둘 러싸여 있고, 눈도 보여요. 높이가 4,000 미터나 되니 그럴 법도 하죠. 1년 내내 이 상태 그대로 있다고 해요. 이곳의 암석은 퇴적암, 그중에서도 석회암이에요. 석회 암 지대에서 발달하는 붉은 흙은 '테라로 사(terra rosa)'라고 불려요. 현무암이 풍화된

구름으로 둘러쌓인 설산

테라로사

토양인 테라록사(terra roxa)와는 다르니 꼭 기억해두세요.

이곳에서 열차를 타면 마추픽추까지 갈 수 있어요. 주로 관광객들이 많이 이용하는지 백인들이 많이 보이죠? 열차 대신 걸어서 가고 있는

마추픽추행 열차

젊은이들도 보이는데, 트레킹을 즐기고 싶다면 걸어서 한번 가보세요. 열차는 시골 역처럼 작은 역에서 선답니다.

드디어 마추픽추에 올라왔어요. 여기까지 올라오는 길을 내려다보니 지그재그 산도 높고 경사가 매우 급하죠? 마추픽추를 공중도시라고도 부르는데 그 이유는 산과

절벽, 밀림에 가려 밑에서는 전혀 볼 수 없고 오직 하늘에서만 확인할 수 있기 때문이에요. 이처럼 높은 산에 이런 건물을 지었다니 정말 놀랍지 않나요? 그런데 이걸 만든 사람들이 누군지, 어디로 사라졌는지 밝혀지지 않았어요. 오랜 시간 동안 사람들에게 잊혔다가 발견됐기 때문이죠.

마추픽추 입구 계곡

계단식 밭도 보이네요. 이곳도 신분에 따라 거주지가 달랐다고 해요. 마추픽추는 크게 도시 구역인 북부와 농촌 구역인 남부로 나뉘어져 있

마추픽추로 올라오는 길

마추픽추

마추픽추 건축물

계단식 밭　　　　　　높은 신분의 사람들이 거주하던 공간

거든요. 다시 북부의 서쪽에는 사원이나 왕궁 등 귀족 계급을 위한 권위
적이고 종교적인 건물이 서 있는 반면, 동쪽에는 일반 대중을 위한 주거
지와 작업장으로 되어 있죠.

　마추픽추 중앙은 고산인데도 비가 내리고 삼림이 우거져 있는데요,
아마존강 유역에서 불어오는 무역풍
이 산 계곡을 따라 올라오기 때문입니
다. 우리도 이곳에서 한참 비를 맞았습
니다.

　그럼 마추픽추를 어느 정도 감상했
다면 또 다른 명소인 티티카카 호수를
보러 출발할까요? 티티카카 호수(Lake

마추픽추 중앙

티티카카 호수가 있는 푸노

Titicaca)는 지구상에서 가장 높은 곳에 있는 호수 중의 하나죠. 호수가 바다로 흘러가지 않으면 소금 호수가 되지만, 티티카카 호수처럼 바다로 흘러가면 민물 호수여서 식수로 이용할 수 있죠.

티티카카 호가 특히 유명한 것은 떠 있는 섬들 때문이에요. 선주민들은 갈대를 엮어 섬이 뜰 수 있게 만들었죠. 그 뜬 섬 위에 다시 갈대로 집을 짓고, 갈대로 만든 자가용 배를 타고 다니고요. 물론 갈대로 만들지 않은 동력선도 있지만요.

떠 있는 섬

티티카카 호는 페루와 볼리비아의 국경선이 되기도 해요. 해발고도 3,810미터이고 면적은 8,560제곱킬로미터, 깊이는 281미터나 되는 큰 호수니까요. 물 온도는 3도에서 13도 정도고요. 페루에서 볼리비아로 국경을 넘어가려면 걸어서 갈 수 있는데, 참 신기한 모습이죠?

갈대로 만든 집

남미 하면 생각나는 마추픽추도 보고 잉카문명도 경험해봤어요. 이제 남미에서의 마지막 나라 아르헨티나로 이동할 거예요. 탱고의 나라 아르헨티나는 또 어떤 모습일지 설레는 마음을 안고 떠나볼까요?

자가용 배

걸어서 국경 넘기

산유국 베네수엘라, 어디로 가고 있나?

앵커 세계에서 석유 매장량이 가장 많은 나라가 경제적으로 큰 어려움을 겪고 있다고 하는데요, 바로 남미의 베네수엘라입니다. 취재차 나가 있는 기자와 연결해서 현지 상황을 들어보도록 하겠습니다.

기자 네, 저는 남아메리카에 위치한 베네수엘라 카라카스에 나와 있습니다. 베네수엘라 면적은 우리 남한의 9배 정도이고, 인구는 3천만이 약간 넘습니다. 베네수엘라 하면 세계에서 석유 매장량이 가장 많은 나라로 알려져 있는데요, 석유수출국기구인 OPEC 회원국가로 생산량은 세계 10위를 유지하며 석유를 근간으로 유지되고 있는 나라입니다. 석유자원이 풍부해서 국민들이 경제적으로 풍요롭게 잘살 것 같은데, 지금 베네수엘라는 올해 안에 갚아야 할 나랏빚만 40억 달러에 이를 정도로 심각한 금융위기를 겪고 있습니다. 올해 베네수엘라의 물가상승률은 IMF 추산

1,000%에 달할 정도입니다. 수입도 어려워서 심각한 물자 부족난에 시달리고 있고, 주민들은 식량과 생필품을 구하기 위해 마트 앞에 긴 줄을 서기 일쑤입니다. 베네수엘라로 오는 비행편도 결항이 잦아서 이곳까지 오는 데 어려움을 겪었습니다.

앵커 석유 매장량이 그리 많은데 왜 경제가 어렵고 정치적인 혼란이 가중되고 있죠?

기자 많은 전문가들이 저마다의 의견을 내놓고 있지만 한마디로 단정 짓기는 어렵습니다. 베네수엘라 하면 우고 차베스 대통령을 기억하시는 분들이 많을 텐데요, 차베스 대통령은 1998년 대통령에 당선되어 2013년 사망할 때까지 베네수엘라를 이끈 지도자입니다. 그는 자본주의와 사회주의 사이에서 중도를 지향했고, 석유 등 민간 기업을 국유화하면서 급진적인 정책을 많이 펼쳤는데요. 석유에서 발생하

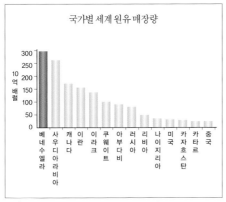

국가별 세계 원유 매장량

10억 배럴

베네수엘라의 위치

(출처:Oil & Gas Journal Dec.2013 & AER)

는 막대한 부를 주택, 식량, 의료, 교육 등을 공짜로 제공하는 복지정책을 실시해 국민들의 지지를 이끌었습니다. 더욱이 그는 자국민뿐만 아니라 쿠바나 볼리비아 등 중남미 반미 노선을 지향하는 정부들을 지원하면서 전성기를 구가했습니다. 하지만 2014년 하반기부터 저유가에 직면하였고, 차베스를 이은 마두로 현 대통령이 제대로 대처하지 못하면서 베네수엘라는 큰 위기를 맞고 있습니다. 석유를 수출한 돈으로 식량 및 생필품을 수입해왔는데, 베네수엘라 화폐의 가치가 하락하면서 수입이 어려워진 것입니다. 또한 석유산업에만 의존하면서 국내 기반산업의 성장을 등한시하고 무상복지만 늘렸다가 유가가 폭락하자 국가 채무불이행 직전까지 오게 된 것입니다.

앵커 우리나라에서도 일부 전문가들이 복지정책의 확대를 두고 베네수엘라처럼 될 거라고 걱정하고 있는데요, 기자가 직접 가서 보기에는 어떤가요?

기자 우리와 베네수엘라는 여러 가지로 다른 점이 많습니다. 베네수엘라는 열대 기후 지역에 위치하여 많은 국민들이 고산 지역에 거주하고 있고, 이질적인 이민자로 구성되어 애국보다는 경제적 실리를 중시하며, 도로, 전기, 기간산업 등 낙후된 사회 간접시설 등으로 직접 비교하는 것 자체가 어렵습니다. OECD 가입국인 우리나라의 복지는 북서유럽 등 선진국과 비교해야 적절하다는 의견이 많습니다. 🌐

—2017년 10월 16일

아르헨티나

예수회 예배당
삽자가 전망대

노데가 나니
카파야테 협곡

브라질

파라과이

이구아수 국립공원

이구아수 폭포

카파야테   타피 델 바예

태평양

코르도바

로사리오

우루과이

대서양

이글레시아 카테드랄
예수회 지구
코르도바 국립대학
알타 그라시아
체 게바라 박물관

칠레

부에노스아이레스

팜파스
코리엔테스 거리
보카
라 봄보네라
5월 광장
주요노조총연맹
추모공원
산 텔모
도레고 광장
레사마 공원
산 마르틴 공원
레콜레타 묘지
세라노 광장

체 게바라 출생지
파라나 강
국가 기념비

8

Argentina

롤러코스터를 탄 이민자의 나라, 아르헨티나

📍 남미에서의 세 번째 여행지는 탱고의 나라 아르헨티나랍니다. 아르헨티나는 한때 '남미의 유럽'으로 불릴 만큼 경제와 문화 수준이 유럽에 버금갔던 국가예요. 그리고 옛날에 TV로 봤던 추억의 애니메이션 〈엄마 찾아 삼만 리〉의 주인공 마르코가 엄마를 찾으러 온 나라이기도 하고요. 특별히 아르헨티나는 사흘이 아닌 엿새간 여행을 할 거예요. 그만큼 둘러볼 곳이 많다는 얘기겠죠? '남미의 파리'라고 불리는 부에노스아이레스에서부터 로사리오 등의 내륙도시들, 그리고 세계 3대 폭포 중 하나인 이구아수 폭포까지 그야말로 볼거리가 넘쳐난답니다. 자, 서두르지 않으면 많은 걸 놓칠 수 있으니 서론은 여기까지 하고 출발해볼까요?

부에노스아이레스(Buenos Aires)까지 오는 과정은 순탄치 않았어요. 도로에만 교통체증이 있는 줄 알았는데 비행기도 체증이 있더라고요. 자세히 얘기하자면 공항에 착륙해야 할 비행기가 많아서 우리 비행기가 내륙을 돌다 왔지 뭐예요. 시간을 허비한 단점도 있지만 또 덕분에 하늘에서 '팜파스(Pampas)'를 제대로 볼 수 있는 좋은 기회였어요. 팜파스가 뭐냐고요? 팜파스는 부에노스아이레스 서쪽과 남쪽에 펼쳐진 아르헨티나 중앙의 대평원을 말해요. 우리나라를 대표하는 평야가 호남평야이듯 아르헨티나를 대표하는 평야가 바로 팜파스죠.

　아르헨티나 지형도를 보고 설명하자면, 대서양에서 내륙을 향해 삼각형으로 들어간 부분이 라플라타 강(La Plata River) 하구인데요, 그 왼쪽

팜파스

에 수도인 부에노스아이레스가 있고 그 주변 지역이 대체로 평평해요. 팜파스는 크게 둘로 구분할 수 있는데, 라플라타 강에 가까운 쪽은 조금 더 습해서 '습윤 팜파스'라고 하고, 서쪽으로 안데스 산맥에 가까운 쪽은 좀 더 건조해서 '건조 팜파스'라고 부른답니다. 19세기 후반부터 팜파스의 개척 작업이 이루어졌는데, 처음에는 양을 기르는 활동이 활발했고 그 뒤 고기 소 사육 지역으로 성장했죠. 하지만 최

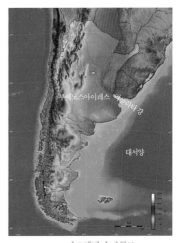

아르헨티나 지형도

근에는 밀 재배지가 확장되면서 양을 기르는 일은 건조 팜파스 지역으로 밀려났고, 고기 소 사육은 습윤 팜파스 지역에 집중되었다고 해요.

그러므로 아르헨티나에 와서 맛있는 쇠고기를 먹고 싶다면 습윤 팜파스 지역으로 가는 게 좋답니다. 저녁 메뉴로 쇠고기에 소금을 뿌려 숯불에 구워 먹는 아사도(asado) 요리를 맛볼 건데요, 이때 탱고도 함께 감상할 예정이니 벌써부터 기대가 되네요.

아사도 요리

그럼, 우선 부에노스아이레스의 도심에 해당하는 '미크로센트로(Microcentro)'의 주요 도로인 코리엔테스(Corrientes) 거리를 살펴보는 것으로 아르헨티나 여행을 시작해봐요. 아직은 이

코리엔테스 거리

오벨리스크

른 시간이라 도로가 한산하지만요, 이 거리는 서울로 치면 종로 같은 데로 20세기 초반 부에노스아이레스가 남미의 파리라 불릴 때 '잠들지 않는 거리'라고 할 만큼 화려했어요.

보세요, 저기 오벨리스크가 있어요. 오벨리스크는 이집트나 유럽의 도시에만 있는 줄 알았는데 아르헨티나에도 있었네요. 저 오벨리스크는 부에노스아이레스 창건 400주년을 기념하여 1936년에 세워졌대요. 오벨리스크가 세워진 '7월 9일 대로'는 부에노스아이레스 사람들이 세계에서 가장 넓은 도로라고 자랑스러워하는 장소로, 이 둘은 부에노스아이레스의 황금기를 알리는 대표적인 상징물이죠.

📍
7월 9일 대로

1816년 7월 9일 아르헨티나가 스페인으로부터 독립한 날을 기념하기 위해 건설된 이 도로는 폭이 140미터로 세계에서 가장 넓은 길이에요. 1911년 알베아르

(Carlos María de Alvear) 대통령이 제안하고 의회가 동의해 건설하게 되었죠. 이 7월 9일 거리가 건설되기 위해서는 천 개의 만사나(구획) 위에 있던 집들이 모두 헐려야 했대요. 그래서 프랑스의 건축가인 찰스 타이즈(Charles Thays)가 디자인한 이 대로가 완성되는 데까지는 약 100년이 걸렸다고 하니 정말 대단하죠?

7월 9일 도로 주변은 부에노스아이레스에서 가장 높은 건물이 집중되어 있는 경제의 중심지예요. 'Subte'라고 써 있는 게 보이시나요? 저기가 바로 지하철역인데요, 지하철을 타고 5월 광장으로 가면 보카 지역 행 버스로 갈아탈 수 있죠. 참, 부에노스아이레스의 지하철 역사는 아주 오래됐답니다. 황금기였던 20세기 초반, 즉 1913년부터 지하철이 운행되었어요. 이 지하철은 라틴아메리카와 스페인을 포함한 스페인 언어권 최초로 개통된 지하철로, 스페인어 본래의 Metro(메트로) 대신 이 지역 방언인 Subte(숩테)로 표기하고 있죠. 지하철 환승역인 페루 역

7월 9일 대로

보카 지역 안내도

리아추엘로 강

과 종착역인 5월 광장역이 최초로 만들어진 지하철 A선에 해당하니까 유심히 살펴보세요. 예전에는 나무로 된 기차가 운행되었는데, 화재 위험과 관리의 어려움 때문에 2013년부터 전면 교체되었다고 하니 조금 아쉬운 마음도 드네요. 참, 지하철과 버스 같은 복잡한 대중교통을 이용할 때는 항상 소매치기를 조심하셔야 한답니다. 소지품 관리에 신경을 쓰고 약간 긴장한 채 다녀야 해요.

이제부터는 보카(La Boca) 지역을 여행해볼까요? 지금 이곳은 리아추엘로 강의 하구에 해당해요. '보카'가 스페인어에서는 '입'이라는 뜻이거든요. 하구의 '구(口)'와 뜻이 같죠. 부에노스아이레스 사람들은 스스로를 '포르테뇨(Porteño)'라고 부르는데, '항구 사람'이라는 뜻이에요. 보카 지역의 이 자리에 서 있노라면 부에

알록달록한 보카 지구

노스아이레스 사람들이 이곳을
고향으로 생각하고 있구나 하는
생각이 절로 나죠.

버스정류장

버스정류장 앞에 알록달록한
예쁜 건물이 있어요. 그 건물을
자세히 보면 두 명의 유명한 사람
이름이 눈에 들어올 거예요. 학
교 이름에 있는 '페드로 데 멘도
사(Pedro de Mendoza)'는 부에노스

아이레스를 처음 건설한 사람으로 알려져 있고요, 그 아래 박물관 이름

카미니토 거리 입구

의 '베니토 킨켈라 마르틴(Benito Quinquela Martin)'
은 보카 출신의 화가로 카미니토 거리를 비롯한
이 지역 거리를 도화지 삼아 화려한 색깔의 벽화
를 그려 유명해진 사람이에요. 보카 지역의 사진
을 보면 원색의 집들이 인상적이잖아요? 그게 다
마르틴 씨 덕분이랍니다. 처음에는 이곳의 조선
소에서 일하던 이민 노동자들이 배에 색칠을 하
고 남은 페인트를 가져와 자기 집을 칠하던 데서
시작되었는데, 마르틴 씨가 좀 더 활기찬 도시를
만들고자 벽을 칠하고 벽화를 그리면서 더 아름
다워진 것이죠.

축구선수이자 아르헨티나의 자랑 디에고 마라도나(Diego Maradona)가 있는 건물이 바로 카미니토(Caminito) 거리의 시작을 알리는 장소예요. 요즘 학생들은 마라도나가 누군지 잘 모를 수도 있는데, 아르헨티나 사람들이 축구의 신이라고 부를 만큼 예전에 이름을 날렸던 선수죠. 저기 발코니에서 관광

마라도나, 에바 페론, 카를로스 가르델

객들에게 인사를 하는 세 사람이 보이시죠? 여기도 마라도나가 있어요. 가운데는 여배우였다가 영부인이 된 에바 페론(Eva Peron), 가장 오른쪽은 아르헨티나를 대표하는 탱고가수 카를로스 가르델(Carlos Gardel)이랍니다.

탱고 이야기가 나온 김에 말씀드리면, 보카 지역은 탱고가 처음 시작된 곳이라는 설이 있어요. 아르헨티나 드림을 꿈꾸며 이민 온 노동자들이 팍팍한 이민 생활에 힘들어할 때 여흥으로 시작된 춤이 탱고의 유래라고 해요. 저기 좀 보세요. 거리에서 탱고를 추는 사람들이 있죠? 상상하던 보카 지역의 모습 그대로예요. 거리에서 추는 탱고도 멋진데, 저녁때 공연장에서 보는 탱고는 어떨지 벌써부터 기대가 되는데요?

거리에서의 탱고 공연

보카의 역사를 보여주는 벽화

와~ 여기는 보카 지역의 역사를 한자리에 다 모아놓은 벽화들이 있어요. 게다가 축구선수 포즈를 흉내내는 사람까지 있고요. 보카 지역은 19세기 이탈리아, 특히 제노바 출신의 이민자들이 정착했던 곳인데요, 축구는 이들이 보급시킨 것으로 유명하답니다. 축구 이야기가 나왔으니 이제 아르헨티나 축구의 메카, 보카 주니어스(Boca Juniors)의 홈구장을 보러 가볼까요.

'라 봄보네라(La Bombonera)'라고 불리는 보카 주니어스 홈구장에 도착했습니다. 라 봄보네라는 '초콜릿 상자'라는 뜻이고요, 저기 보이는 벽화 속 그림이 바로 보카 주니어스 출신으로 아르헨티나 축구팀의 위력을 세계에 보여준 디에고 마라도나의 젊은 시절 모습이에요. 축구를 좋아하는 분이라면 아시겠지만, 보카 주니어스는 부에노스아이레스의 보카 지역을 근거지로 하는 축구팀인 동시에 아르헨티나 프로축구 리그뿐만 아니라 국제대회에서도 두각을 나타내는 팀이죠. 아르헨티나

보카 주니어스 홈구장

디에고 마라도나의 벽화

보카 주니어스 홈구장의 별

기념품점

인구의 '절반+1명(la mitad mas uno)'이 이 축구팀의 팬이라는 말이 있을 정도로 큰 인기가 있답니다.

그런데 보카 팀의 오랜 경쟁상대인 '리버 플레이트(River Plate)' 팀 이야기도 빠뜨릴 수 없죠. 라플라타 강의 영어식 이름을 가진 팀인데요, 노동자 계층을 대표하는 게 보카 팀이라면 이 팀은 중산층을 대표한다고 해요. 두 팀의 경기가 있는 날이면 관중들이 흥분하는 바람에 경찰까지 출동할 정도라고 하더라고요.

보카 주니어스 팀 로고   리버 플레이트 팀 로고

보카 지역 안내도

축구 얘기는 그만하고 지금부터 '쿨투르(Cultour)'에 참가하기 위해 5월 광장으로 가보는 게 좋겠어요. 쿨투르는 부에노스아이레스의 대학생, 교수, 교사 등이 중심이 되어 부에노스아이레스의 문화와 역사를 공부하는 답사인데요, 여행객들이 놓치기 쉬운 부분들을 다양한 코스로 소개하고 있답니다.

잠깐, 가기 전에 보카 지역의 안전에 대해 말씀드려야 할 것 같아요. 보카 지역이 관광객들에게 위험 지역이라고 해도 낮 시간 동안은 안전한 편이에요. 특히, 페드로 멘도사 거리에서 카미니토 거리, 보카 주니어스 홈구장까지는 걱정하지 않으셔도 될 정도죠. 하지만 그 외의 보카 지역은 역시 조심하셔야 해요. 리아추엘로 강을 지나는 니콜라스 아베야네다 다리 너머의 지역은 관광객들의 안전을 보장할 수 없는 곳이라고 합니다. 아르헨티나도 현재 경제적으로 어렵지만 그 다리 너머의 지역은 더 어려운 남아메리카 각국에서 이주해온 사람들이 모여 있어 범죄의 온상이 되고 있다고 하니 여행하실 때 꼭 참고하세요.

자, 그럼 이제 쿨투르(http://www.cultour.com.ar) 프로그램에 참여하러 5월 광장으로 출발해봐요. 쿨투르 가운데 〈부에노스아이레스의 발자취〉라는 프로그램을 신청해두었는데요, 역사적인 장소 5월 광장에서부

5월 광장

터 탱고의 부흥 현장인 산 텔모 지역까지 둘러보는 코스랍니다. 3시간 정도가 소요된다고 해요.

쿨투르의 시작점인 5월 광장(Plaza De Mayo)은 과거에서 현재까지 이 도시의 파란만장한 정치적 사건과 함께한 곳이에요. 사진 속 탑이 5월 혁명 1주년을 기념하여 세운 탑으로, '5월의 탑'이라고 부르죠. 탑 속에는 아르헨티나 각지에서 수집한 흙이 보관되어 있어요. 탑 아래 써 있는 1810년 5월 25일은 아르헨티나의 독립 기념일이고요, 하얀 리본 그림은 '5월 광장의 어머니들'이 쓰고 오시는 두건을 상징하는 거예요.

하얀 리본 그림에 대해 설명하려면 아르헨티나의 독재정권이 일으킨 '더러운 전쟁'에 대해 얘기해야 하는데, 이 전쟁을 치르면서 실종된 청년들의 어머니들이 매주 목요일마다 모여 자녀들을 찾아달라고 무언의 시위를 벌이고 있거든요. 그때 어머니들이 하고 나오는 두건을 상징하는 거랍니다.

📍

더러운 전쟁(Guerra Sucia)

1975년 아르헨티나는 석유파동의 여파로 수출이 감소하고 외환위기에 시달렸어요. 이로 인한 경제파탄과 사회불안으로 인해 군부 쿠데타가 일어났고, 그에 의해 페론 정치는 막을 내리게 돼요. 아르헨티나 사람들은 파탄에 빠진 나라를 군부가 재건하리라 생각했지만 대통령이 된 호르헤 비델라 장군은 1976년에서 1983년까지 각종 테러, 조직적인 고문, 강제 실종, 정보 조작을 자행했죠. 이런 상황에서 학생과 기자, 페론주의 혹은 사회주의를 추종하는 게릴라 및 동조자가 엄청난 피해를 입어요. 1만 명 정도의 게릴라가 실종됐고, 최소 9천 명에서 최대 3만 명에 달하는 사람이 실종되거나 살해된 것으로 추정하고 있답니다.

답사팀이 대통령궁인 카사 로사다를 거쳐 '아르헨티나 주요노조총연맹' 건물 앞에 도착했어요. 건물 벽의 그림 속 여자는 바로 에비타예

카사 로사다 앞

주요노조총연맹

에비타의 집무실   에비타의 시민권

요. 건물 안으로 들어가볼까요?

여긴 에바 페론이 활동하던 집무실을 그대로 재현한 방이네요. 이 방 뿐만 아니라 이곳에 전시된 물건을 보니 아르헨티나 사람들이 에바 페론을 아직도 그리워하고 있는 게 느껴지는걸요. 어려운 환경에서 자라나 여배우로, 영부인으로 영화 같은 삶을 산 에바 페론은 대통령인 남편 후안 페론의 그림자 역할만 한 게 아니라 가난한 사람들과 여성들을 위해 적극적으로 정치를 펼쳤어요. 1947년 아르헨티나가 남아메리카 최초로 여성의 참정권을 허용하게 된 것도 에바 페론의 힘이 컸답니다. 바로 사진 속의 시민권을 들고 에바 페론이 처음으로 선거에 참여했다고 해요. 에바 페론은 나중에 여행할 레콜레타 묘지에서 다시 얘기하게 될 거예요.

다음 장소는 추모공원이에요. 이곳이 추모공원이 되기까지는 가슴 아픈 사연이 있는데요, 한번 들어보세요. 부에노스아이레스 도심의 끝자락, 파세오 콜론 대로와 코차밤바 거리가 만나는 지점에 시내와 에세

파세오 콜론 대로   유해가 있던 고가 밑

이사(Ezeiza) 국제공항을 연결하는 고가도로를 건설했거든요. 그런데 그 과정에서 '더러운 전쟁' 때의 지하 수용소가 발견된 거예요. 고가도로 아래에 수많은 사람들의 유해가 있었던 거죠. 아르헨티나 군부는 독재에 반대하는 사람들을 죽이기 위해 치밀한 계획을 세운 뒤 전국적으로 300여 곳에 달하는 죽음의 수용소를 설치, 운영했다고 해요. 수용소는 주로 변두리 지역의 학교나 체육관 등 대규모 건물을 개조해 비밀스럽게 사용했는데, 이곳도 체육관을 개조한 수용소였다고 하죠.

한쪽에 글자가 써져 있는데, 바로 기억, 진실, 정의라는 말이에요. 아르헨티나 군부에 희생된 분들을 잊지 말자는 뜻이겠죠. 이곳은 현재 '추모공원(Parque de la Memoria)'이 되었답니다. 군부독재에 희생된 사람들이라니, 남의 일 같지 않아요. 우리나라 역시 비슷한 시기에 비슷한 일이 자행됐잖아요. 더 놀라운 사실이 있어요. 수용소에서는 단지 고문과 살인만 일어난 게 아니었다고 해요. 임산부를 체포해온 군인들은 아기를 낳은 산모는 죽이고 아기들은 모두 군 간부들이나 군과 관련된 기업가

들 가정으로 빼돌렸대요. 친부
모를 죽인 살인자들의 손에서 아
기들이 자란 것인데, 이 사실이
폭로되면서 사람들을 충격에 빠
뜨렸다고 해요. 이와 관련해 영
화 〈오피셜 스토리〉가 만들어졌

기억, 진실, 정의

으니 아르헨티나의 '더러운 전
쟁'이 궁금하다면 찾아보시길 권해드려요.

  이제 쿨투르의 마지막 코스, 산 텔모(San Telmo) 지구에 왔어요. 산 텔
모는 1563년 페드로 데 멘도사가 이끌었던 스페인의 원정대에 의해 건

산 텔모 시장

도레고 광장

설된 첫 정착촌인데요, 스페인 정복자들이 상류 계급의 거주지로 조성해 만들었대요. 산 텔모는 항구가 있는 보카 지역과 정복자가 머물던 지금의 5월 광장을 연결해주는 정류장 역할을 했던 곳이죠. 따라서 사람과 물자의 이동이 많았고, 부와 권력의 중심이 되기도 했어요. 물론 지

수공예품을 판매하는 모습

가우초의 물건들

도레고 광장의 탱고

금도 큰 시장이 들어서 있고요.

　이곳은 산 텔모 거리의 중심, 도레고 광장(Plaza Dorrego)이랍니다. 일요일마다 열리는 골동품 시장으로 유명한데, 평일이어도 몇몇 사람들이 나와 물건을 팔고 있네요. 한번 구경 좀 해볼까요?

　팜파스의 목동인 가우초들의 물건을 파는 데도 있고, 마테를 넣어 마시는 다기를 파는 자리도 있어요. 아르헨티나 사람들은 중국인들이 녹차를 마시듯 마테차를 마시거든요. 아르헨티나 사람들이 큰 보온병을 들고 다니

마테 차 다기와 빨대

는 것을 흔히 볼 수 있는데, 바로 하루 종일 마테 차를 마시기 위해서랍니다. 카페에서는 약간의 돈을 받고 보온병에 뜨거운 물을 채워주기도 하죠. 아르헨티나 사람들은 빨대를 이용해서 마테 차를 마시는데, 주변 사람들과 나눠 마시는 건 우정을 나누는 방법이라고 해요. 만약 현지인들이 마테 차의 빨대를 권한다면 '당신은 이제 내 친구예요'라는 뜻이라고 생각하시면 됩니다.

📍

마테(Maté)와 마테 차(Maté茶)

마테는 감탕나뭇과에 속하는 높이 6미터 정도의 식물로, 비옥한 토양과 아열대성 기후 조건을 가진 아르헨티나, 브라질, 파라과이 세 나라의 국경이 만나는 이구아수 폭포 주변이 주요 산지예요. 마테 차는 마테의 잎이나 작은 가지를 건조시킨 뒤 그걸 뜨거운 물에 우려낸 것이고요. 커피나 차 같은 기호품이지만 단순한 기

마테 차

호품을 넘어서 채소 재배가 곤란한 일부 지역에서는 중요한 영양 섭취원의 하나로 쓰여서 '마시는 샐러드'라는 별명이 있을 정도랍니다. 전통적으로 마테는 마테(Maté)라고 불리는 동명의 용기에 '봄빌랴(Bombilla)'라는 금속 빨대를 사용해서 마시죠. 그리고 마테 차는 공동체를 결속해주는 역할을 하는데 같은 용기와 빨대를 사용하면서 서로의 결속을 다지고 친구로 받아들인다는 표시를 하는 거예요.

쿨투르의 여정은 이곳이 마지막이랍니다. 그럼, 이제부터는 다시 지리쌤과 함께 데펜사(Defensa) 거리를 걷다가 끝자락쯤에 있는 레사마 공

레사마 공원 기념비   바 수르(Bar Sur)

원(Parque Lezama)을 들러봅시다. 레사마 공원은 꼭 찾아가볼 만한 여행지인데요. 페드로 데 멘도사가 1536년 처음 설치했던 강가의 기지가 바로 레사마 공원 자리였기 때문이죠. 첫 정복자 멘도사가 첫발을 내디뎠던 이 땅은 여러 외국인의 손에 넘어갔다가 1857년 살타 주의 상인인 그레고리오 레사마가 사서 공원으로 만들고 자신의 동상과 정자를 세웠죠. 그리고 그의 사후 미망인이 이 땅을 부에노스아이레스 시에 기증해서 지금처럼 레사마 공원으로 불리게 된 것이랍니다.

레사마 공원을 감상했다면 이제 디펜사 거리를 거슬러 5월 광장 방향으로 걸어보는 건 어떠세요? 걷다 보면 길모퉁이에 있는 반가운 바(bar)를 만날 수 있을 거예요. 바 이름은 'Bar Sur'로, 왕가위 감독의 영화 〈해피 투게더〉에 나왔던 장소죠. 바 앞에서 기념사진을 찍는 것도 좋은 추억이 될 듯하네요.

탱고 벽화

체 게바라 벽화

이곳엔 벽화가 볼 만한데, 탱고 벽화부터 체 게바라 벽화까지 재미있어요. 그리고 잠시 후 저녁 시간에 와볼 탱고 공연 장소인 '타코네안도(Taconeando)'도 미리 한번 구경하고 가도록 해요. 그리 큰 바는 아니지만 그래서 더 공연에 집중할 수 있다고 하더라고요. 벌써부터 심장이 두근두근 흥분이 되는데요.

타코네안도

어느새 산 마르틴(San Martin) 공원에 도착했습니다. 공원에 와서 처음 눈에 띄는 건 말비나스 전쟁 기념탑이에요. 혹시 '포클랜드 전쟁'이라고 들어보셨어요? 영국과 아르헨티나 사이의 전쟁 말이에요. 포클랜드와

산마르틴 공원의 말비나스 기념탑

말비나스는 같은 섬을 지칭해요. 사진 속 빨간 바탕 위에 흰 섬들이 보이시죠? 아르헨티나 남동부 쪽 대서양에 있는 섬인데, 오랫동안 영국과 영토 분쟁이 있어오다가 1982년에 전쟁으로 번진 곳이죠. 그때 희생된 사람들을 기리기 위한 기념탑이에요. 이곳 사람들에게 '말비나스'는 매우 민감한 단어이기 때문에 가능한 언급하지 않는 게 좋다고 해요.

📍
포클랜드 제도(Falkland Islands) 또는 말비나스 제도(Islas Malvinas)

남대서양에 있는 군도로 아르헨티나와 영국이 영유권을 주장하고 있는 영토 분쟁 지역이에요. 현재는 영국의 실효 지배 상태에 있죠. '포클랜드'는 17세기 말 이 섬에 최초로 발을 디딘 영국 탐험대의 해군 관료였던 포클랜드 자작 때문에 나온 이름이고, '말비나스'는 이곳에 처음으로 도착한 이들이 프랑스의 생말로(Saint-Malo) 주민이어서 '말로인의 섬'을 스페인어로 번역한 것이라고 해요.
포클랜드 전쟁은 1982년 4월 2일에 발발했는데, 침공의 배경에는 영유권 협상을 진행해봤자 이익이 없다고 본 영국의 소극적인 태도에 있다는 설과, 아르헨티나의 레오폴도 갈티에리의 군사 독재정권을 유지하기 위해서라는 설이 있어요. 영국이 포클랜드 제도를 자국의 영토라고 주장하는 이유는 대서양과 남극에 있는 무궁무진한 지하자원 때문이랍니다. 1995년 아르헨티나와 영국은 상호협약을 통해 포클랜드 전쟁으로 악화된 양국 간의 외교를 회복하기도 했어요.

그런데 아이러니한 것은 '영국탑(Torre de Los Ingleses)'이 말비나스 전쟁 기념탑과 마주보고 있다는 점이에요. 1810년에 일어난 5월 혁명의 100주년을 기념하기 위해 아르헨티나에 거주하고 있는 영국인들이 건립하여 제공한 시계탑이랍니다. 아무튼 1982년 이후로는 단지 기념

탑(Torre Monumental)으로 부른다고
해요.

　이제 에비타가 잠든 곳으로도 유
명한 레콜레타 묘지(Recoleta Cemetery)
로 이동해볼까요? 레콜레타 묘지도
산 마르틴 공원처럼 무성한 나무들
이 먼저 반겨주네요. 그럼, 에비타의
묘지부터 찾아볼까요? 안내판에 묘

영국탑

지 배치도가 있긴 하지만 관광객들의 눈엔 금방 들어오지 않아요. 하지
만 그렇더라도 에비타의 묘지는 찾기가 쉬운데요, 대략적인 방향만 잡
고 가다 보면 사람들이 많이 모여 있는 곳이 바로 그녀의 무덤이기 때문
이죠.

레콜레타 묘지 입구

레콜레타의 나무

유력자들의 묘지

에비타의 묘지

　여기는 마치 '사자(死者)들의 도시'에 온 것 같은 느낌이 드는 곳이에요. 역대 대통령을 비롯해 유력자들의 무덤이 많아 후손들이 한껏 힘을 쥐 장식한 탓에 묘지가 화려하거든요. 묘지를 간다기에 으스스했는데 막상 와보니 그런 기분은 전혀 들지 않네요.

　아, 에비타의 묘지를 찾았어요. 무덤 앞의 꽃을 보니 사람들이 자주 찾아오는 것 같아요. 1952년에 세상을 떠났는데 여전히 사람들이 찾다니 정말 놀랍네요. 암에 걸려 생을 마감한 그녀는 이곳에 오기까지 파란만장한 세월을 보내야 했어요. 그녀가 죽자 노동자들은 '성녀'로 추대하려 했지만, 정적들은 그녀의 흔적을 지우려 애썼죠. 그래서 방부 처리한 그녀의 시신을 이탈리아로 빼돌렸다가 1971년 스페인에 망명 중이던 후안 페론 측에 인도되었고, 1975년 이사벨 페론이 대통령이 된 후 아르헨티나로 송환되어 대통령궁에 안치됐어요. 그런데 쿠데타가 일어

세라노 광장

보르헤스 거리

났고 그 후 군사정권에 의해 유해가 제거되는 등, 아무튼 여러 우여곡절 끝에 지금의 두아르테 가족 묘지에 안장된 것이랍니다. 에비타는 죽어서도 편안히 쉬지 못하고 많은 고생을 했던 거예요.

다음 코스는 구 팔레르모(Palermo Viejo) 지역의 중심부인 세라노 광장(Plaza Serrano)이에요. 광장 한가운데에는 민예품을 파는 노점들이 많아요. 꼭 산 텔모의 도레고 광장처럼요. 그리고 '보르헤스 거리'도 볼 만한데요, 부에노스아이레스의 젊은이들이 즐겨 찾는 최신 문화의 거리라고 해요. 우리나라로 치면 홍대 앞이나 대학로쯤 되려나요?

참, 거리 이름이 보르헤스라고 했잖아요? 그 이름에서 연상되는 인물이 없나요? 맞아요, 호르헤 루이스 보르헤스(Jorge Luis Borges)예요. 보르헤스는 부에노스아이레스 토박이로 이 도시를 너무나 사랑한 시인이었어요. 그래서 거리 이름에도 등장하는 게 아닐까요?

팔레르모 거리

보세요, 그동안 역사와 관련된 고풍스러운 장소들만 구경했는데, 이곳 팔레르모 거리는 완전 딴판이에요. 우리나라에서는 흔한 분위기일지 모르지만 이곳에선 나름 신선한 느낌까지 들어요. 그럼, 여기까지 온 기념으로 시원한 맥주나 한잔하고 갈까요? 이왕이면 아르헨티나를 대표하는 킬메스(Quilmes) 맥주를 마셔보려고요.

마침내 기다리고 기다리던 탱고 공연을 볼 순서가 되었답니다. 그것도 맛있는 음식을 먹으며 보는 공연이라니, 머릿속으로만 상상했던 게 현실에서 이루어지는 기분이 드는걸요. 이 바는 앞에서 들렀던 공연장이에요. 그런데 지금은 같은 곳인지 의심이 들 정도로 달라 보여요. 역시 무대는 공연하는 사람과 관객이 있어야 본연의 모습을 찾나 봐요.

보카 지역의 이민 노동자들 사이에서 탱고가 시작되었을 때는 주로 남자들이 추었다고 해요. 그래서인지 남자 무용수들의 탱고 춤이 첫 공연이었고, 세 커플의 흥겨운 탱고 춤이 다음 무대로 이어졌어요. 춤뿐만 아니라 음악도 매력적이랍니다. 탱고 가수의 노래까지 곁들여진 공연을 보다 보니 정말 부에노스아이레스에 온 게 맞구나, 하는 실감이 나네요. 이렇게 멋진 공연을 보고 나서 바로 숙소로 가서 잘 수는 없을 것 같아요. 부에노스아이레스의 야경을 보면서 천천히 걸어야겠어요.

식사와 공연 감상

탱고 공연

부에노스아이레스의
야경

부에노스아이레스에 이은 다음 행선지는 '남미의 시카고'로 불리던 '로사리오(Rosario)'랍니다. 부에노스아이레스에서 로사리오까지는 버스로 이동할 거예요. 이 구간은 단거리에 속해 어떤 좌석을 선택해도 큰 무리가 없지만, 10시간 이상 이동해야 할 때는 조금 비싸더라도 수면을 취하기 좋은 좌석을 선택하는 것이 정말 중요해요. 또 한 가지 기억해야 할 건 아르헨티나에는 버스회사가 많아서 같은 방향의 노선이라도 시설과 서비스, 가격이 다르거든요. 그러니 잘 비교해서 자신에게 맞는 버스와 좌석을 선택하는 게 좋죠.

요즘 친구들은 〈엄마 찾아 삼만 리〉라는 애니메이션을 잘 모를 거예요. 아주 오래전 TV에서 방영해준 만화였는데, 이탈리아 제노바 출신의 '마르코'라는 소년이 아르헨티나로 노동 이민을 갔던 엄마를 찾아 부에노스아이레스까지 와서 고생 끝에 엄마를 만나는 줄거리죠. 왜 뜬금

로사리오 행 버스

마르코의 여정

없이 옛날 만화영화 타령이냐고 하실 텐데, 마르코가 엄마를 찾기 위해 다녔던 여정을 따라 내륙을 둘러볼 것이기 때문이에요. 부에노스아이레스의 여행은 마쳤으니 로사리오, 코르도바, 투쿠만을 여행하면 된답니다. 투쿠만의 경우는 마르코가 아픈 엄마를 만나 치료차 떠났던 마을과 비슷한 '타피 델 바예' 쪽으로 이동할 예정이에요. 그리고 코르도바에서 투쿠만 구간은 마르코가 가장 고생을 많이 하면서 이동한 지역인데요, 유사한 풍경이 나타나는 '카파샤테'를 들렀다가 '살타'로 갈 생각이랍니다. 살타에는 이구아수 폭포의 관문 도시인 푸에르토 이구아수로 연결되는 교통편이 많거든요.

아무튼 이와 같은 여정으로 아르헨티나의 내륙을 경험할 거예요. 그럼, 로사리오에 도착했으니 시내부터 좀 걸어볼까요?

📍

엄마 찾아 삼만 리(3000 Leagues in Search of Mother)

에드몬드 데 아마치스가 1886년 발표한 동화 《쿠오레-사랑의 학교》에 삽입되어 있던 단편 〈아펜니노 산맥에서 안데스 산맥까지〉를 1976년 일본에서 각색하여 만든 애니메이션이에요. 즉 이탈리아의 단편 동화를 일본의 후지TV 등이 총 52편의 TV 애니메이션으로 제작한 것이죠. 방영 당시 시청률 30퍼센트를 웃도는 인기작이었고, 1999년에는 극장용 애니메이션으로 제작되기도 했어요. 그럼, 대략의 줄거리를 말씀드릴게요.

1882년경 이탈리아 제노바에 살고 있는 마르코의 가족은 가난한 사람들을 무료로 고쳐주는 진료소를 운영하고 있어 생계가 아주 어려웠어요. 그래서 엄마는 아르헨티나로 일을 하러 떠나게 되고, 마르코는 엄마를 만나러 가기 위해 힘든 일을 하면서 돈을 모으죠. 그러나 이런저런 사정으로 갈 수 없게 되고 설상가상으로 엄마로부터 오던 소식도 끊기고 말아요. 그러자 마르코는 밀항을 하여 부에노스아이레스에 도착하죠. 그곳에서 천신만고 끝에 드디어 엄마를 만나게 되지만, 안타깝게도 엄마는 병에 걸려 아픈 몸이었어요. 하지만 마르코를 본 엄마는 수술을 결심, 건강을 되찾고 마르코와 함께 제노바로 돌아오는 이야기랍니다.

로사리오는 내륙과 연결되는 철도와 파라나 강을 통해 라플라타 강을 지나 바로 대서양과 연결되는 수상교통까지 발달해서 19세기 중반부터 1940년대까지 세계적인 곡물 수출항이었어요. 그래서 '남미의 시카고'라는 별명이 생기기도 했죠.

이 길을 따라 조금만 가면 체 게바라의 출생지였다는 건물을 볼 수 있어요. 지금도 일반인이 살고 있는 건물이라 개방되어 있지는 않고, 사진처럼 표지기를 통해서만 흔적을 볼 수 있죠. 체 게바라의 기념관을 기대하셨다면, 나중에 갈 코르도바 인근의 '알타 그라시아'에 그의 박물관이

체 게바라의 생가

로사리오 시내

있으니 조금만 참아주세요. 그 박물관은 원래 체 게바라가 부모님과 함께 유소년기를 보낸 집을 개조한 것이라고 해요.

그나저나 로사리오는 부에노스아이레스보다 훨씬 습해서 더 무더운 것처럼 느껴지네요. 얼른 강바람이라도 맞을 수 있는 곳으로 움직이는

파라나 강변

물놀이하는 사람들

게 좋겠어요.

  이곳은 파라나(Paraná) 강변이에요. 그럼 배를 타고 더위를 식혀볼까
요? 킬메스 맥주를 마시며 강 위를 달리니 더위가 좀 가시는 느낌이 들
어요. 강변에서 헤엄을 치며 즐기는 사람들이 보이시죠? 물이 흙탕물이
긴 하지만 사람들은 참 즐거워 보이네요.

아르헨티나 국기

이번엔 아르헨티나 국기 기념비를 보러 왔어요. 국기 기념비를 보지 않고 로사리오를 봤다고 말할 수 없다고 할 정도니 찬찬히 살펴봐요. 아르헨티나 국기의 하늘색과 흰색은 아르헨티나의 독립전쟁이 일어나던 1810년, 마누엘 벨그라노 장군이 이끌던 아르헨티나 민병대들이 로사리오 근처에서 스페인 식민지군을 무찌르고 승리한 것을 기념한 색깔이라고 해요. 당시 병사들이 입었던 군복 색이 하늘색과 흰색이었거든요. 가운데 있는 태양은 아르헨티나가 스페인으로부터 독립하는 계기가 된 1810년의 5월 혁명을 의미하는 것이고요.

국기 기념비

더운데 돌아다녔더니 아무래도 시원한 걸 먹어야 할 것 같아요. 참, 말이 나온 김에 얘기하자면 아르헨티나에서 맛보아야 할 먹거리 목록에 아이스크림도 들어간답니다. 웬 아이스크림이냐고요? 이탈리아 이민자가 많이 들어와서인지 이탈리아 아이스크림 못지않게 아르헨티나 아이스크림도 참 맛있거든요. 진짜 강력 추천합니다.

아이스크림 가게

다음 관광지인 코르도바(Cordoba)에 도착했습니다. 그런데 혹시 스페인 안달루시아 지방의 코르도바를 아시나요? 이름도 같고 유서 깊은 도시라는 점도 같죠. 16세기 후반 이 마을이 만들어질 때 주도층의 아내가 스페인의 코르도바 출신이었다고 해요. 왜 이런 이름이 붙었는지 이해가 되시죠?

위에 보이는 동상의 주인공이 누군지 지금껏 아르헨티나를 여행하셨으니 모두 아실 거예요. 맞아요, 산 마르틴이에요. 아르헨티나 도시 중에 독립의 아버지 산 마르틴을 기리는 광장이 없는 곳은 없는 것 같아요.

사진 속 성당은 이글레시아 카테드

이글레시아 카테드랄 성당

랄(Iglesia Catedral)이라고 해요. 기억해야 할 건 1577년에 짓기 시작해서 200년 후에 완공되었다는 사실이죠. 공이 많이 들어서인지 왠지 탄탄해 보이지 않나요? 그만큼 크리스트교가 아르헨티나 사람들에게 중요했다는 의미겠죠.

자, 시내는 이 정도로 둘러보고 이제 코르도바에 있는 세계문화유산을 보러 가봐요.

이곳은 엄청난 규모의 블록화 된 지역으로, 예수회 지구(Manzana Jesuit)예요. 이 도시에 남아 있는 건물 중 가장 오래된 건물이라는 교회와, 라틴아메리카에서 두 번째로 세워진 대학이면서 아르헨티나에서는 가장 오래된 대학인 코르도바 국립대학, 그리고 예수회와 관련된 시설물 전체를 가리켜 예수회 지구라고 하고요, 2000년에 세계문화유산으로 지정되었답니다. 교회의 내부 장식이 정말 화려하죠? 장엄한 데다가

예수회 지구 담장

교회 내부

왠지 거룩한 느낌까지 더해져 기도
를 하고 싶게 만드네요.

코르도바 국립대학에서는 실내
촬영이 불가해요. 그러니 이 뜰에서
라도 기념사진을 찍어둬야겠어요.
확실히 대학에 오니 차분한 분위기
가 감도는 게 공부나 연구가 잘될 것
같아요. 역사 깊은 건물이 주는 힘
때문이겠죠.

코르도바 국립대학

앞에서 알타 그라시아에 가면 뭘 볼 수 있다고 했는지 기억하세요?

알타 그라시아 라틴아메리카 광장

체 게바라 박물관

네, 체 게바라 박물관, 맞아요. 그러니까 이 도시가 체 게바라가 유소년기를 보낸 곳인 거예요. 그래서인지 라틴아메리카 광장 이 더 의미가 있는 것 같아요. 사 진으로 보시면, 마치 북아메리 카의 마음과 남아메리카의 마음 이 합쳐 있는 모양새예요. 바닥의 흰 부분은 아르헨티나의 땅 모양이고 요. 아마 아르헨티나에서 라틴아메리카 사람들이 힘을 합쳐 외세의 영 향을 받지 않는 독자적인 세상을 만들어보자는 뜻이 아닐까 싶어요.

이제 체 게바라가 살았던 집을 구경해보기로 해요. 알타 그라시아는 코르도바에서 좀 더 쾌적한 환경을 찾아오는 사람들에 의해 전원주택

사탕수수밭

도시로 관심을 받고 있대요. 그래서인지 이 주변이 고급 주택가로 여겨지죠. 그에 비해 체 게바라의 집은 소박하기 그지없어요. 이렇게 수수한 집을 그대로 박물관으로 이용해서인지 보통 사람으로서의 체 게바라가 가까이서 느껴지는 것 같네요. 혁명가가 되기 전 밝고 평범한 소년이었을 체 게바라의 모습이 보이는 듯도 하고요.

자, 체 게바라는 그만 그리워하고, 이제 안데스 산맥이 손에 잡힐 듯한 투크만(Tucumán) 인근 지역인 '타피 델 바예(Tafí del Valle)'로 가볼까요? 그곳까지는 버스를 타고 가려고요. 도중에 창밖을 보면 사탕수수밭이 펼쳐져 있으니 눈여겨봐두는 것도 좋을 것 같아요. 투크만은 안데스 산맥의 관개용수를 이용한 사탕수수 생산의 거점으로, 아르헨티나 설탕의 70퍼센트를 생산하고 있답니다. 또 투크만은 16세기 스페인 사람들이 건설한 지역으로, 북아르헨티나의 대표 도시에 해당하죠. 우리의 목

안데스 산맥

예수회 예배당

적지인 타피 델 바예는 휴양지로도 유명한데, 그곳까지는 꽤 급경사의 산지를 지나야 해요. 그래서 여름 기온이 매우 높은 투크만에 사는 사람들은 상대적으로 해발고도가 높은 타피 델 바예로 피서를 간다고 해요. 저 멀리 보이는 흰 산을 보니 안데스 산맥에 가까이 왔다는 게 실감이 나는군요.

타피 델 바예에 도착했습니다. 아까는 비도 내리고 했는데 여긴 날씨가 쾌청하네요. 전혀 다른 곳에 온 것 같은 느낌이 들 정도예요. 화창한 햇빛을 받고 있는 예배당이 보이세요? 18세기에 만들어진 것으로, 투크만

십자가 전망대

카파샤테 시내

민예품 가게

에서 온 프리아스 실바(Frlas Silva) 가족의 예배당이라고 해요.

그럼, 전망이 끝내주는 곳이 있는데 거기로 가볼까요. 십자가 전망대는 꽤 먼 것 같지만 도착하면 보이는 전망 때문에 힘들다는 생각은 어느새 사라져버리죠. 자, 어때요? 시야가 확 트인 게 전망이 훌륭하죠? 타피 델 바예가 한눈에 보이고요. 정말 그림 같은 장면이에요. 이곳에서 잠깐 경치를 감상하고 다음 코스로 이동해봅시다.

키가 엄청나게 큰 선인장이 보이세요? 건물보다도 선인장이 훨씬 더 큰걸요? 저 선인장의 이름은 '카르돈(Cardón)'이에요. 이 주변 지역에서

포도 벽화

보데가 나니 입구

와인 공정

흔히 볼 수 있는데, 나무가 부족한 지역에서는 말린 카르돈으로 집도 짓고, 집 안의 소품도 만들고, 아무튼 다양한 용도로 쓰이죠. 다음 이동할 장소인 카파샤테에 가면 더 많이 눈에 띌 거예요.

정말 카르돈으로 만든 물건들을 파는 가게가 있어요. 이곳 카파샤테(Cafayate)는 날씨가 청명한 게 습도도 낮아 기분이 좋아지는 곳이에요. 카파샤테 주변은 내륙에 위치한 건조지역이기 때문에 카르돈이 잘 자

보데가 나니 와인

와인 아이스크림

라죠. 앞으로도 계속 보게 될 거예요.

참, 이곳은 포도도 유명해요. 포도가 유명하면 저절로 와인도 우수하겠죠? 흔히 아르헨티나 와인 하면 '멘도사'를 떠올리지만 카파샤테 또한 질 좋은 와인이 생산되는 곳으로 잘 알려져 있답니다. 그럼 직접 와이너리를 방문해 와인 맛을 좀 볼까요?

'보데가 나니'라는 와이너리예요. 현대식 와인 공정을 갖추고 있는 곳으로, 다양한 종류의 와인이 만들어진답니다. 특히, 이 지역에서 가장 유명한 '토렌테스(Torrentés)' 화이트와인은 사서 맛을 봐도 좋을 것 같은데요, 달콤한 과일향과 꽃향이 특징이라고 해요. 그리고 앞에서도 얘기했지만 아르헨티나는 아이스크림이 정말 맛있어요. 이곳에는 와인 아이스크림이 있는데, 화이트와인과 레드와인을 한꺼번에 맛볼 수도 있답니다.

자, 이제 카파샤테의 하이라이트인 협곡 여행만 남겨놓았네요. 협

카파샤테 협곡

야마

곡 여행은 힘들 수 있으니 숙소에 가서 준비를 단단히 한 후 출발하도록 해요.

사방이 붉은색 사암이에요. 혹시 미국 서부 여행 때에도 봤었는데 생각나세요? 그리고 앞쪽의 사진 속 장소는 비 올 때만 형성되는 하천인 '와디' 같아요. 정말 물이 지나간 흔적들이 보이거든요. 지금은 바짝 말라 있지만 비가 오면 빗물이 모여 갑자기 하천이 형성되는 거죠.

저기 카르돈 선인장에 묶여 있는 '야마(Llama)' 좀 보세요. 얼핏 작은 낙타 같기도 하고 조금 큰 양 같기도 해요. 안데스 산맥 지역이 아니면 보기 어려운 동물이니 기념사진은 필수겠죠?

붉은 사암 사이에 초록색 크롬 성분의 지층이 쌓인 게 보이시죠? 마

카피샤테 협곡 지층

치 녹차 케이크처럼 보이기도 해요. 또 원통형으로 휜 지층도 있는데, 이건 거대한 사암층이 습곡작용을 받아 휘어진 후 하천이 흐르면서 대규모로 침식이 일어나 생긴 지형이랍니다. 이곳에서는 가끔 노래를 부르는 사람들이 있는데요, 소리 울림이 좋아서 더 멋지게 들리기 때문이에요. 아마 이것이 '원형극장(El Anfiteatro)'이라고 불리는 이유겠죠.

카파샤테 제7경인 '악마의 목구멍'에 도착했어요. 사람들이 올라가고 있는 곳에 큰 구멍이 있어서 악마의 목구멍이라는 이름이 붙은 거예요. 이름부터 좀 으스스한 느낌이 들지만 그렇게 무섭지는 않답니다. 길이 미끄러우니 내려올 때 조심해야 하는 건 명심하시고요.

원형극장

악마의 목구멍

📍 **카파샤테 협곡(Quebrada de Cafayate) 7경**

카파샤테 계곡에는 이름이 붙은 곳이 일곱 군데가 있어요. 우리말로 하면 '카파샤테 협곡 7경'이라고나 할까요. 그 7경을 소개하면 다음과 같습니다.

제1경은 성(城, Los Castillos)이고요, 2경은 창문(窓, Las Ventanas), 3경은 오벨리스크(El Obelisco), 4경은 수도승(El Fraile), 5경은 두꺼비(El Sapo), 6경은 원형극장(El Anfiteatro), 그리고 마지막으로 7경은 악마의 목구멍(Garganta del Diablo)이랍니다. 표지판을 보고 왜 이런 이름이 생겼는지 추리해보는 것도 재미있으니 한번 해보세요.

죽기 전에 꼭 봐야 할 이구아수 폭포

이곳은 트레스 프론테라스(Tres Fronteras)라고 해요. 트레스 프론테라스는 세 국경이라는 뜻이죠. 이런 이름이 붙은 까닭은 이 주변에서 본류인 파라나 강과 지류인 이구아수 강이 만나는데 이 하천을 사이에 두고 세 나라의 국경이 이루어져 있기 때문이에요. 앞에서도 말씀드렸죠? 세 나라는 아르헨티나와 브라질 그리고 파라과이라고요. 사진 속 아르헨티나 국기 색의 탑이 있는 이곳이 아르헨티나이고요, 맞은편에 붉은 지붕의 건물이 있는 곳이 브라질 쪽이에요. 또 나무 왼쪽으로 보이는 곳이 파라과이이고요. 원래 이 주변은 이구아수 폭포 지역까지 모두 파라과이의 영토였어요. 주로 과라니족이 살았는데, 과라니족은 오래전 영화 〈미션〉에 등장했던 원주민이에요. 아무튼 과라니족이 살고 있었는데 브

트레스 프론테라스

라질과 아르헨티나가 연합해서 파라과이와 국경 전쟁을 벌였고, 파라과이가 패한 뒤 지금처럼 국경이 정해졌답니다. 따라서 국경 전쟁으로 큰 피해를 입은 과라니족은 주민 수가 현저히 줄었고요. 그들의 성지였던 이구아수 폭포는 이제 그들을 찾아볼 수 없는 관광지가 되었어요. 이구아수 폭포를 여행한다면 폭포에 가기 전에 이곳에서 세 나라의 국경을 바라보는 것도 의미 있는 일이 될 거예요. 그럼, 이제부터 죽기 전에 꼭 봐야 할 풍경이라는 이구아수 폭포를 보러 갈까요?

이구아수 폭포는 두 가지 방법으로 감상할 수 있어요. 첫째, 브라질 쪽에서 원경을 바라보는 것과 두 번째, 아르헨티나 쪽에서 근경을 바라보는 것이죠. 우리는 먼저 브라질 쪽에서 이구아수를 즐겨보려고 해요. 아르헨티나에서 브라질로 가는 국경을 넘는 데는 그리 오래 걸리지 않고 번거롭지도 않아요. 30분쯤 버스를 타고 가서 다시 이구아수 행 버스로 환승하면 끝. 정말 간단하죠? 아르헨티나의 관문 도시인 '푸에르토 이구아수'와 브라질의 관문 도시인 '포스 두 이구아수'는 다리만 하나

브라질 이구아수 국립공원

사이에 두고 있어 서로 국경을 왔다 갔다 할 수 있답니다.

그러니 지금 서 있는 곳이 브라질 땅인 거죠. 이제 본격적으로 이구
아수를 경험해볼까요? 잠깐, 이구아수 국립공
원을 걷다 보면 '코아티'라는 이구아수 폭포 지
역에 사는 너구릿과 동물을 볼 수 있는데요, 생
긴 건 귀엽지만 의외로 말썽을 꽤 피운다고 하네
요. 원래 이 녀석은 벌레를 잡아먹으며 살았대
요. 그런데 요즘은 관광객들이 주거나 남긴 음식
맛에 빠져서 먹을거리가 들어 있을 법한 관광객
의 가방을 습격하기도 한대요. 그래서 국립공원

코아티

측에서도 코아티에게 음식을 주지 말 것을 당부하고 있죠. 귀엽다고 먹던 과자 부스러기를 던져주는 행동은 지양해야 한답니다.

이구아수 강 안쪽으로 엄청나게 물이 떨어지는 데가 있는데, 바로 '악마의 목구멍(Garganta do Diablo)'이라고 불리는 곳이에요. 카파샤테 협곡 제7경과 같은 이름이죠. 이곳도 이름만큼 정말 어마어마하답니다. 여기서 잠깐 이구아수 폭포에 얽힌 과라니족의 전설을 들려드릴게요. 폭포 인근에 있던 과라니족 마을에 '나이피'라는 아름다운 여인이 있었대요. 그녀는 이웃 마을의 '이타루바'라는 청년과 사랑하는 사이였는데 어느 날 '에미보이'라는 뱀신에게 제물로 바쳐질 운명에 처하고 말아요. 그래서 두 사람은 도망을 쳤고, 분노한 뱀신이 이구아수 강을 따라 사방

브라질 이구아수 국립공원

무지개

을 오르내려 이구아수 폭포가 형성되었다고 해요. 그리고 뱀신의 노여움으로 나이피는 브라질 쪽의 야자수로 변하고, 이타루바는 아르헨티나 쪽의 바위로 변했다는 안타까운 전설이죠. 막상 이곳에 와보면 이 이야기가 실감이 나는데, 서로 바라만 보고 만나지 못하는 그리움을 조금은 알 것 같아요.

저기 무지개가 떴어요. 폭포 물방울들이 햇살과 만나서 무지개를 만드는 거예요. 그건 그렇고 폭포에서 뿜어진 물방울 때문에 카메라고 옷이고 전부 다 젖어버리고 말았어요. 아무래도 수영복을 입었어야 했나 봐요. 다음 코스인 아르헨티나 쪽의 폭포를 보러 갈 땐 수영복을 입고

브라질 이구아수 국립공원 전망대

가는 게 좋을 것 같네요.

　자, 이제 아르헨티나에서 이구아수를 감상해볼까요? 이곳의 이구아
수 폭포 지역은 크게 상단, 중단, 하단으로 나눌 수 있거든요. 이곳의 이
동 수단은 에코트레인이고요, 매표소 근처에 있는 중앙역에서 에코트
레인을 타고 가장 상단에 있는 '목구멍역'으로 갈 거랍니다.

　목구멍역이라 함은 악마의 목구멍의 입구를 가리키는 이름이죠. 거
기서 나무 데크를 걸어가 악마의 목구멍을 가까이에서 볼 거예요. 그런
다음 다시 원래 역으로 돌아와서 '폭포

아르헨티나 이구아수 국립공원 내
이동 열차

역'으로 가는데요, 폭포의 중단에 해당
하는 그곳에서는 역시 나무 데크를 따
라 폭포 위를 직접 걸어볼 예정이에요.
그리고 연결된 산책로를 따라 폭포 하
단까지 걸어내려간 후 선착장에서 보
트 투어에 참가하면 모두 끝난답니다.
이구아수 폭포를 볼 수 있는 알찬 코스
죠? 그럼 중앙역으로 이동해봅시다.

　나무 데크를 걸을 때는 주변을 잘
살펴보세요. 이구아수 국립공원은 폭
포뿐만 아니라 이 지역에서만 볼 수 있
는 다양한 동·식물들이 있으니까요.

나무 데크

악마의 목구멍

물방울이 비처럼 쏟아져요. 다행히 안에 수영복을 입어서 걱정 없이 다닐 만한걸요. 폭포를 보니 할 말을 잊을 정도로 행복한 기운이 온몸에 퍼지는 것 같아요. 영화 〈해피투게더〉에서 '보영(장국영 분)'과 '아휘(양조위 분)'가 왜 그렇게 이 폭포에 오려고 했는지 이해가 되는 것도 같아요.

이곳에 계속 머물고 싶지만 중단, 하단도 봐야 하니 아쉬워도 그만 발걸음을 옮길까요? 이곳 폭포의 중단 쪽은 같은 눈높이로 폭포를 바라볼 수 있어서 또 다른 감동을 준답니다. 여기 중단에서는 산책로를 따라 걸어 하단까지 가야 해요. 그런데 잠깐만요, 이 앞에 있는 돌 좀 보세요. 흑갈색을 띠고 구멍이 나 있는 게 무슨 돌인지 맞혀보세요. 맞아요, 현무암이에요. 이곳은 파라나 고원의 일부인데, 현무암질 용암이 흘러 계

현무암

곡을 메워 만들어진 용암대지 위에 단층작용이 일어나서 형성된 대규모 폭포군이죠. 우리나라도 이와 비슷한 폭포가 있는데요, 바로 철원 지역에 가면 한탄강을 따라 형성된 용암대지에 만들어진 '직탕폭포'예요. 폭포 별명이 '한국의 나이아가라'로, 규모는 작지만 형성 과정이 같답니다.

보트 투어

　여기서부터는 보트 투어예요. 산 마르틴 폭포와 삼총사 폭포를 둘러보는 코스죠. 구명조끼는 입었지만 폭포 근처에 가면 물살이 세기 때문에 조심하셔야 해요. 사진 촬영에 너무 욕심내지 말고 손잡이

산마르틴 폭포

를 잘 잡아야 하죠. 이 두 폭포를 감상한 느낌은 뭐라 말로 표현할 수 없을 정도예요. 약간 무섭기도 했지만 재미도 있고 마치 폭포와 하나가 된 느낌이랄까요. 우리나라에도 폭포가 많지만 진짜 엄청난 폭포를 봤다는 실감이 나더라고요.

자, 죽기 전에 꼭 봐야 한다는 이구아수 폭포를 마지막으로 아르헨티나의 여행을 마치려고 해요. 다른 곳보다 조금 긴 6일간의 여행이었지만 아직도 보지 못한 곳이 많이 남아 있는 게 사실이죠. 하지만 또 새로운 세계가 기다리고 있으니 아쉬움은 털어버리기로 해요.

아르헨티나 이구아수 국립공원

4부

지구의 비밀을 간직한 미지의 대륙, 남극

남극

아르헨티나

팜파스
밀로돈 동굴
바위산

토레스델파이네 국립공원

대서양

마젤란해협
아르마스 광장
공원묘지

태평양

칠레

포트패민
푼타산타아나 마을
칠레 중앙탑

푼타아레나스

푸에르토 블네스

마젤란해협

티에라 델 푸에고 섬

세종과학기지
칠레 프레이 기지

드레이크해협

펭귄마을
벨링스하우젠 기지
창청 기지

킹조지섬

세상의 끝, 남극

📍 이번 여행지는 펭귄 하면 생각나는 곳, 남극이에요. 남극은 아르헨티나와 칠레에 걸쳐 있는 남미 대륙의 남쪽 끝 지역 파타고니아에서 출발할 거랍니다. 그래서 첫날은 파타고니아를 여행하고 그다음 날부터 본격적으로 남극 탐험을 하는 것으로 계획을 짰어요.

그럼 남극에 가기 전에 공부 좀 하고 갈까요? 공부 얘기에 벌써부터 머리가 아프시다고요? 복잡한 공부가 아니라 남극에 대한 간단한 퀴즈를 풀어볼 거니까 걱정은 안 하셔도 돼요.

첫 번째 문제, 펭귄은 남극에만 살까요? 정답은 '노'예요. 펭귄은 남극과 인접한 남아프리카공화국, 오스트레일리아, 뉴질랜드, 칠레 등지에서도 살아요. 주로 남극에 많이 살고 있지만요.

두 번째 문제, '남극은 칠레의 영토이다', 이 말은 맞는 말일까요? 답은 역시 '노'랍니다. 1908년 영국이 남극에 영유권을 선포한 이후, 노르웨이, 뉴질랜드, 아르헨티나, 오스트레일리아, 칠레, 프랑스 등 몇몇 나라들이 영유권을 주장하고 나섰어요. 하지만 미국을 중심으로 한 53개국(2017년 현재)이 서명한 남극조약에 의해 남극은 영유권 선언이 금지되었으며, 군사 행동과 광물자원 채광을 금하고 있죠. 남극에는 어떤 국가의 주권도 미치지 않으며 아르헨티나의 부에노스아이레스에 있는 남극조약사무국에서 관리하고 있답니다.

세 번째 문제, 남극에는 곰이 살까요? 답은 역시 '노'. 남극을 칭하는 'antarctic'은 반대를 의미하는 'anti'와 북극을 의미하는 'arctic'의 합성어라고 해요. 'arctic(arctos)'은 그리스어로 곰을 의미합니다(별자리 중 작은 곰자리를 북극성이라고 하죠). 즉 남극의 지명은 '북극의 반대'라는 뜻도 있지만, 지명 자체에 '곰이 살지 않는다'는 의미도 담겨 있는 거죠. 남극이 북극과 달리 곰이 살지 않는 이유는 북극은 추운 겨울에 주변 바다가 얼어 아시아, 북아메리카, 유럽 대륙에서 먹이를 찾아 내려올 수 있으나, 남극 대륙 주변으로는 넓은 바다가 싸고 있어 곰과 같은 포유류의 먹잇감을 찾기가 힘들기 때문이랍니다.

마지막 문제, 남극은 북극보다 추울까요? 답은 '예스'. 북극은 바다이고 남극은 대륙이에요. 대륙은 바다에 비해 비열이 낮아 온도가 쉽게 내려가거든요. 또한 남극은 북극에 비해 고도가 높고(남극 대륙의 평균 높이는 2,500미터 정도로 2위인 아시아 대륙의 800미터에 비해 훨씬 높아요), 남극 주변을 흐르는 남극순환류가 적도에서 극 쪽으로의 해류를 통한 열전달을 방해하기 때문에 남극이 더 춥답니다.

이 정도로 남극에 대한 지식을 가지고 여행을 시작해볼까요? 남극이니만큼 여행이라기보다 탐험이라고 해야 어울릴 것 같네요.

남극의 관문, 칠레

남극으로 가기 전 아르헨티나와 칠레에 걸쳐 있는 남미 대륙의 남쪽 끝 지역인 파타고니아(Patagonia)부터 둘러보기로 해요. 파타고니아란 '발(pata)이 큰(gon) 사람'이란 뜻이라고 해요. 이 지역은 극지방과 가까워 아주 추웠기 때문에 원주민들이 털가죽으로 발을 감싸고 다녔거든요. 그걸 본 스페인 탐험가들이 '큰 발'이란 뜻의 '파타곤'이라고 불렀던 것이 나중에 파타고니아로 알려지게 되었답니다.

이 지역에는 트레커들의 마지막 여

파타고니아 지도

팜파스

행 염원지라는 '토레스델파이네(Torres del Paine)' 국립공원이 있는 것으로
유명해요. 인류가 개발이란 이름으로 망가뜨리지 않은 자연 그대로가
희망처럼 남아 있는 공원이죠. 당연히 이번 여행의 첫 번째 코스가 될
텐데요, 그곳엘 가려면 먼저 '푸에르토나탈레스(Puerto Natales)'부터 가야
합니다. 참고로 '푸에르토'란 명칭이 들어간 지명은 '항구'를 뜻한다는
걸 알면 남미 여행을 하는 데 도움이 될 거예요.

나탈레스 항구에서 버스를 타고 몇 시간을 달리는 동안 눈에 보이
는 건 드넓은 초원뿐이에요. 칠레는 평균 폭 180킬로미터에 남북 길이
4,270킬로미터로 세계에서 가장 가늘고 긴 나라거든요. 하지만 파타고
니아 지역에는 이와 같은 넓은 온대 평원, 즉 '팜파스'가 펼쳐져 있어 과

가우초

과나코

난두

연 칠레가 가느다란 나라인지 의아할 정도죠. 평원 곳곳에서 소 떼나 양 떼를 볼 수 있고요, 말을 타고 있는 목동들, 즉 '가우초'들도 만날 수 있어요. 뿐만 아니라 '과나코'라고 하는 낙타과에 속하는 남미 토종 동물과 타조를 닮은 새 '난두' 그리고 여우와 콘도르(독수리), 플라밍고, 퓨마 등 야생동물도 쉽게 만날 수 있죠.

토레스델파이네 국립공원에 도착했습니다. 이곳은 2004년《내셔널 지오그래픽 트래블러》가 '죽기 전에 꼭 가봐야 할 50곳'으로 선정했다고

토레스델파이네

해요. 파타고니아 대초원 지대에 2,000~3,000미터의 높이로 치솟은
거대한 바위산이 한마디로 절경이죠. 산 위를 덮고 있는 에메랄드빛의
빙하는 만년설이 굳어서 된 빙하, 다
시 말해 '만년빙'이라고 해요. 토레스
델파이네는 원주민 테우엘체족의 언
어로 '창백한 푸른 탑'을 뜻하는데요,
만년빙의 푸른색과 높이 솟은 호른을
일컫는 말이랍니다. 그렇다면 산 밑
의 호수는 빙하가 녹아서 만들어진
것이고, 산 정상 부근의 움푹 파인 '권

권곡

융빙수폭포

곡'도 빙하가 파놓은 것이 되겠죠. 산 아래 폭포의 물도 빙하가 녹은 물, 즉 융빙수가 만든 폭포이고요.

📍
호른(horn)과 권곡(kar)

빙하가 쌓인 산의 정상 부분에서 빙하 때문에 파인 여러 개의 권곡(kar)에 의해 침식된 뾰족한 봉우리를 호른(horn)이라고 해요. 알프스의 뾰족한 봉우리들을 프랑스에서 '혼(horn)'이라고 부른 것이 어원으로, 대표적인 것이 '마테호른(Matterhorn)'이죠.
권곡이란 산사면에서 빙하의 침식을 받아 나타나는 반원곡상의 계곡을 말해요. 이 권곡은 우리나라 백두산 부근의 관모봉 근처에서도 발견됩니다.

자, 이번에는 바람의 도시 '푼타아레나스(Punta Arenas)'를 여행할 차례에요. 남극으로 가는 전초 기지로 바람이 많은 곳이죠. 그래서 이름도 푼타아레나스, 영어로 'Sandy Point', 즉 모래가 바람에 날려 쌓인 '모래 언덕(사구)'이란 뜻이에요. 평소에도 시속 120킬로미터가 넘는 강풍이 부는 곳이지만, 칠레 정부가 마젤란해협을 장악하려는 의도로 1848년 건설한 도시랍니다.

그러니까 푼타아레나스에서 보이는 바다가 바로 마젤란해협인 거죠. 예전에 대서양과 태평양을 통과하는 배들은 티에라 델 푸에고 섬 바깥쪽으로 먼 거리를 돌아 항해했어요. 이후 1520년 인도로 가는 항로를 찾던 포르투갈의 항해가 마젤란이 최초로 이 해협을 통과하여 지금의

푼타아레나스

태평양에 들어서게 되죠. 당시 마젤란은 이 해협을 빠져나가는 데 36일
이나 걸렸다고 해요. 복잡한 피오르 해안이 나타나는 특성 때문에 항로
를 찾기가 쉽지 않았던 것이죠. 악천후를 견디고 해협을 빠져나온 후 괌

남미 지도

섬에 도착하기까지 약 98일 동안 항해를 했는데, 이 대양이 어찌나 평온하고 잔잔한지……. 그래서 이 바다를 '태평양(el Pacifico)'이라고 불렀답니다. 그 후 배들은 가까워진 마젤란해협을 지나게 되었고, 푼타아레나스는 대서양과 태평양을 지나는 배들이 쉬어갔던 항구로 발달하게 된 거예요.

그런데 대서양과 태평양을 연결하는 가장 가까운 뱃길이 마젤란해협이라고 생각하시면 안 돼요. 1914년 중앙아메리카에 있는 파나마운하가 개통되면서 대부분의 배들이 파나마운하를 이용하게 되었거든요. 따라서 마젤란해협의 이용이 많이 줄었죠. 그래서 푼타아레나스가 인구 13만 명 정도의 생각보다 작고 조용한 도시가 되었지만, 그래도 최근에는 남극의 관문으로 점점 북적거리고 있답니다.

그럼, 본격적으로 도시 여행을 시작해볼까요? 우선 아르마스 광장부터 가봅시다. 광장에서 제일 먼저 눈에 띄는 것은 마젤란 동상인데요, 대포를 밟고 있어요. 마젤란 동상 아래쪽에 또 다른 동상이 보일 거예요. 바로 이곳 원주민의 동상이랍니다. 이 원주민 동상을 자세히 보면 발가락 색깔이 좀 이상해요. 원주민 청동상의 오른발 발가락을 만지며 기도하면 뱃길이 안전하다는 전설 때문에 사람들이 하도 만져서 녹청색이 벗겨지고 노랗게 변한 거랍니다.

또 푼타아레나스에는 남아메리카에서 가장 아름다운 묘지가 있어요. 마치 공원처럼 예쁜데요, 사람들 역시 이곳을 묘지가 아닌 공원처럼 이용하고 있죠. 산책로가 공원처럼 잘되어 있어 꼭 추모객이 아니어도

마젤란 동상   원주민 동상

방문객들이 끊이질 않는다고 해요. 살아 있는 사람과 죽은 사람이 함께 공존하는 공원이라고 할까요.

마지막으로 남극에 들어가기 전에 좀 더 땅끝 마을을 둘러보는 게 어 떻겠어요? '푸에르토 블네스(Puerte Bulnes)'라는 마을은 푼타아레나스에

공원묘지

푸에르토 블네스 요새

서 60킬로미터 떨어져 있는, 마젤란해협과 접해 있는 곳이에요. 칠레는 원래 이곳에 요새를 건설했다가 푼타아레나스로 옮겼대요. 그래서 요새였던 흔적이 남아 있죠. 대포가 설치된 게 보이시죠? 이 대포가 겨누는 곳이 바로 마젤란해협이랍니다.

이곳 나무들을 관찰해보니 탁구공 같은 게 붙어 있는 게 보여요. 이 탁구공 같은 것은 '사이타리아 버섯'이랍니다. 원주민들은 이 버섯을 '야오-야오'라고 불렀는데, 백인 개척자들 사이에서는 '인디언의 빵' 또는 '다윈 버섯'으로 불렀다고 해요. 원주민들과 초기의 개척자들은 식량이 부족할 때 이 버섯을 먹었어요. 그리고 '칼라파테'라는 나무도 있는데, 이 나무의 열매를 먹으면 이곳에 다시 돌아온다는 전설이 있어요. 주의할 건 이 열매가 다 익으면 진한 보라색이 되거든요. 그때 열매를 먹어야 하는데, 그러면 마치 죠스바를 먹은 것처럼 혓바닥이 보라색으로 변한답니다.

특이한 표지석과 깃발이 있는 곳으로 가볼까요? '포트패민(Port Fam-

사이타리아 버섯

칼라파테

ine)'이라고 옛날 항구가 있던 자리를 알리는 표지석과 깃발이에요. 포트패민이란 '사람이 굶어 죽는 포구'란 뜻이에요. 이곳은 스페인이 마젤란 해협의 중요성을 알고 해협을 장악하기 위한 마을을 건설하려 했던 곳이랍니다. 마을 건설을 위해 세 사람을 이 지역에 남겨놓았는데 척박한 자연환경과 원주민들의 공격으로 살아남기가 힘들었나 봐요. 결국 마지막까지 살아남았던 한 사람만 구조되었고, 그 후 이곳을 '사람이 굶어 죽는 포구'라는 뜻의 포트패민이라고 불렀던 거예요.

조금 더 가면 푼타산타아나 마을이 나와요. 이곳엔 칠레 국토가 그려진 탑이 있어요. 여기서 문제, '이 탑은 칠레의 OO을 알리는 탑이다'에서 OO에 들어갈 말이 뭘까요? ①북단 ②중앙 ③남단. 답을 고르셨나요? 아마도 이곳이

포트패민

푼타산타아나

칠레 중앙탑

칠레의 땅 끝이다 보니 ③번 남단을 고르신 분이 많을 거 같아요. 하지만 답은 ②번이랍니다. 바로 칠레 국토 중앙을 의미하는 탑이에요. 칠레인들은 남극의 일부를 칠레의 영토라고 주장하고 있거든요. 학교에서도 남극의 일부를 칠레의 영토라고 교육하고 있죠. 그래서 남극까지 포함했을 때 이곳이 중앙이 되는 거예요.

그럼, 다음 문제. 지구상에서 가장 남극에 가까운 땅끝 마을은 어디일까요? 이건 주관식이에요. 답을 말씀드리면요, 남아프리카의 끝은 남위 35도 정도 되고, 뉴질랜드는 약 47도, 그런데 이곳 푼타산타아나는 53도 38부 정도이니 이곳이 땅끝 마을이 된답니다. 물론, 마젤란해협 건너편의 '티에라 델 푸에고(Tierra del Fuego)' 섬을 제외했을 경우에 그렇다는 말이에요.

이제 기다리던 남극 여행을 시작해보겠습니다.

남극의 자연환경

남극에 가기 위해 푼타아레나스에 왔어요. 남극으로 가는 길이 꼭 여기서부터 시작하는 건 아니에요. 남아프리카공화국의 케이프타운, 오스트레일리아의 호바트나 뉴질랜드 크라이스트처치에서 쇄빙선이나 비행기를 타고 갈 수도 있어요. 그런데 우리나라에서는 주로 미국을 거쳐 남미 최남단인 이곳 푼타아레나스를 통해 들어가죠.

이곳에선 두 가지 교통수단으로 남극까지 갈 수 있어요. 하나는 칠레나 우루과이의 군용 수송기 혹은 민간 전세기를 이용하는 것과, 또 다른 하나는 배를 이용하는 방법이에요. 비행기는 2~3시간, 배는 약 사나흘

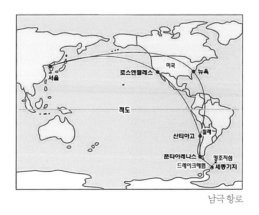

남극 항로

군용 수송기

군용 수송기 내부

이 걸려요. 배는 마젤란해협과 세계에서 가장 험하다는 드레이크해협을 건너가야 하기 때문에 시간이 훨씬 많이 걸리죠.

　이 가운데 우리는 군용 수송기를 이용할 거예요. 칠레 공군에 미리 부탁해 자리를 예약해놓았거든요. 군용 수송기라서 그런지 비행기 내부에 그물 의자가 촘촘히 놓여 있는 게 참 특이해요. 소음도 심하고요. 승객을 보니 남극에 들어갈 연구원들인지 군인 같아 보이진 않네요. 우리나라의 경우에 남극에 들어가려면 외교부장관의 허락이 있어야 해요. 그런데 최근에는 여행사를 통해 여행 목적으로 킹조지 섬까지 갈 수 있답니다. 여행 목적으로 가실 분을 위해 조금 더 설명드리면, 남극 여행은 푼타아레나스에서 경비행기를 이용하거나 아르헨티나의 우수아이아

크루즈 배

(Ushuaia)에서 크루즈 배를 이용하는 방법이 있어요. 한데 남극에는 별도의 숙소가 없고 쓰레기와 오물을 다시 가져와야 해서 여행객 대부분이 우수아이아에서 출발하는 크루즈를 이용하죠. 오스트레일리아에서 대형 비행기를 타고 상공에서 남극 대륙을 감상하는 방법도 있지만 비용이 많이 들고 시간이 오래 걸려 그다지 인기가 있지는 않답니다.

드디어 남극에 착륙했습니다! 먼저 칠레의 프레이 기지가 보이네요. 킹조지 섬에는 8개국에서 아홉 개의 기지를 운영하고 있는데, 공군 활주로를 가진 건 이곳 칠레 기지가 유일하죠.

📍
킹조지 섬에 위치한 과학기지(8개국 아홉 개의 상주 기지)

한국의 세종기지를 비롯해, 칠레의 프레이, 에스쿠데로 기지, 러시아의 벨링스하우젠 기지, 중국의 창청 기지, 우루과이의 아르티가스 기지, 아르헨티나의 주바니 기지, 브라질의 페라스 기지, 페루의 마추픽추 기지가 있습니다.

의외로 사람들이 많이 보여요. 남극의 일부를 자국 영토라고 주장하는 칠레는 기지 운영의 큰 이유를 타국의 남극 연구에 대한 지원이라고 자랑하고 있다는 건 알아두면 좋을 정보죠. 바로 앞쪽에 러시아 벨링스하우젠 기지도 보이네요. 세종기지까지는 고무보트(조디악)를 타고 맥스웰 만을 건너야 합니다.

킹조지 섬은 남극 대륙을 감싸고 시계방향으로 돌아가는 저기압들의 영향으로 흐리고 바람이 세게 부는 날이 대부분이죠. 즉 순식간에 높은 파도를 일으켜 작은 고무보트를 전복시킬 수 있는 강한 바람과, 조용히 몸을 숨긴 채 떠다니는 빙산편들의 공격을 받을 수 있기 때문에 각별한 주의가 필요해요. 맥스웰 만은 2003년 고무보트의 전복으로 실종된 동료를 구하러 나갔다가 사고를 당한 고(故) 전재규 대원의 상처가 가라앉은 바다이기도 해요. 아무튼 위험하다면 위험한 곳이라 뚱뚱한 구명복을 착용해야 한답니다. 물론 보트가 전복되

칠레 기지와 러시아 기지

어 바다에 빠지면 구명복을 입었다 해도 물에 뜰 뿐 차가운 남극의 바닷물에 의한 저체온증으로 곧 목숨이 위험해질 수도 있지만요. 하지만 이 방법이 육지를 통해 가는 것보다 나아요. 왜냐하면 육지의 얼음 위에는 항상 크레바스가 숨겨져 있어 더 위험하기 때문이죠.

고무보트(조디악)

구명복

크레바스(crevasse)

빙하의 표면에 생긴 깊은 균열을 말해요. 빙하가 유동(流動)할 때 암반의 경사 변환부, 굴곡부, 곡벽(谷壁) 근처에 생기는데 크기와 깊이가 다양해서 빙하지대를 탐험하는 모험가들이 크레바스에 빠져 목숨을 잃는 경우도 있답니다.

    남극을 왜 하얀 지옥이라고 부르는지 조금씩 실감이 나시죠? 그렇다고 떨고만 있다면 누가 남극에 오겠어요? 어렵사리 온 만큼 남극을 샅샅이 구경해봐요. 참, 지금부터는 선글라스와 모자, 선크림을 준비해야 해요. 자외선이 아주 강하거든요.

    남극 대륙의 넓이는 약 1,366만 제곱킬로미터로 지구 육지 면적의 약 9.2퍼센트나 된답니다. 물론 이것은 빙붕까지 포함한 면적이지만요.

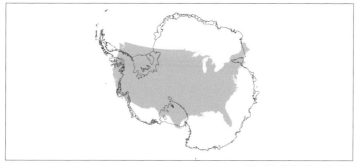

남극 대륙과 미국의 크기 비교

그렇다 해도 이는 미국보다 넓을 뿐만 아니라 유럽 대륙이나 오스트레일리아 대륙보다 넓고, 한반도의 62배이자 중국의 1.4배를 차지하는 면적이에요. 정말 굉장하죠?

📍
빙붕(ice-shelf)과 빙상(ice sheet)

빙붕은 바다로 흘러온 두꺼운 빙상의 일부를 말해요. 한쪽은 육지에 또 다른 한쪽은 바다에 위치하고 있는 '얼음으로 된 대륙붕'을 의미하죠. 얼음의 두께는 300미터에서 900미터에 이르며, 남극 대륙의 둘레를 따라 발달한 로스(Ross) 빙붕, 로네(Ronne) 빙붕이 대표적이에요. 남극 대륙은 해안의 44퍼센트가 빙붕으로 되어 있는데, 빙붕에서 완전히 분리되어 바다를 표류하면 '빙산'이라고 부른답니다.

빙상은 지표의 기복과는 관계없이 넓은 부분을 덮고 있는 얼음 덩어리를 말해요. 대륙빙하라고도 하며 남극 빙상과 그린란드 빙상이 대표적인 예랍니다.

남극의 범위는 관련 협약 및 국제 조직에 따라 조금씩 다른 정의를 내리고 있지만, 일반적으로 만년빙으로 덮여 있는 남극 대륙과 그 주변을 고리처럼 감싸고 흐르는 남빙양 및 이곳에 위치한 섬들을 포함해요. 따라서 남극 하면 남극 대륙만 말하는 것은 아니죠. 국제수로기구(IHO)의 정의에 의하면 남빙양은 남위 60도 이남의 바다를 의미한다는 것도 참고로 알아두세요.

남극 대륙이 생각보다 상당히 넓죠? 그래서 남극에는 총 길이 2,200킬로미터에 달하는 남극 종단 산맥도 있답니다. 이 산맥의 동쪽을 '큰 남극', 서쪽을 '작은 남극'이라고 부르기도 해요. 동남극이 서남극에

비해 더 넓고 기온은 더 낮으며 얼음도 더 두껍고 더 오래된 지층과 바위로 이루어져 있죠. 또 남극 대륙의 평균 높이는 2,500미터 정도로(최고봉 빈슨 매시프 4,897미터), 2위인 아시아 대륙의 800미터에 비해 훨씬 높습니다. 한 가지 더 말씀드리면 남극 전체의 99.8퍼센트를 덮고 있는 얼음의 평균 두께는 2,160미터(최대 두께 4,776미터)나 돼요. 이 빙상은 해안쪽으로 흘러내려 빙붕과 빙산을 만들고, 남극 탐험의 가장 큰 장애물 중하나인 크레바스를 만들기도 한답니다.

이번엔 남극의 기후에 대해 알아볼까요? 세종기지가 있는 킹조지 섬의 연평균 기온은 영하 0.5도에서 영하 3도 사이예요. 그리고 세종과학기지에서 관측된 최저 기온은 영하 25.6도(1994년 7월 24일), 최고 기온은 12.0도(1999년 1월 11일)로 기록되었다고 하네요. 남극 내륙 중심부의 연평균 기온은 영하 55.4도에 달한다고 해요. 최난월에는 영하 30도, 최한월에는 영하 70도까지 내려간다니 정말 추운 곳이죠. 최저 기온으로 1983년 7월 21일 러시아 보스토크 기지에서 영하 89.6도가 기록되었다고 해요. 영하 60도 이하로 떨어지면 사람이 만든 모든 섬유가 견디지 못하고 부스러진다고 하는데

블리자드

영하 89도라니 도저히 상상조차 되지 않네요.

어느새 바람이 세지고 눈발도 휘날리기 시작했어요. 이 바람은 '블리자드'라고 하는데 풍속이 초당 14미터 이상의 눈보라풍을 말하는 거예요. 블리자드가 부는 날은 야외 활동을 자제해야 해요. 풍속이 초당 25미터 정도 되면 바람을 안고 걷기가 힘들어지고요, 초당 35미터 정도 되면 숨쉬기가 힘들어져요. 또 초당 40미터가 넘으면 몸이 날린답니다. 눈보라가 심하면 수 미터 앞도 보이지 않아 어떤 목표를 가더라도 한 점을 중심으로 빙빙 도는 환상방황(環狀彷徨)을 하게 될 수도 있어요. 이처럼 극지방에서는 바람이 큰 위험이 된다는 점 명심하세요.

📍

블리자드(blizzard)

차이코프스키의 작품 〈서곡〉은 1812년 나폴레옹이 이끈 프랑스군과 맞선 러시아군의 대승을 기념하여 만든 곡입니다. 승승장구하던 나폴레옹에게 패배를 안긴 것은 러시아군의 전력이라기보다는 극지방에서 불어오는 폭풍설 블리자드였답니다. 이 매서운 바람을 동반한 눈보라에 그 기세등등하던 나폴레옹의 군사들은 힘 한번 써보지 못하고 후퇴할 수밖에 없었지요.
위대한 탐험가 스콧 일행의 발을 묶고 차가운 눈 속에 묻어버린 것도 이 블리자드였어요. 그것도 식량 창고를 18킬로미터 남겨놓고요. 또한 단독으로 살아남아 160킬로미터의 신화를 만든 더글러스 모슨 경(극지탐험가)이 동료 두 명을 잃은 것도 블리자드의 영향 때문이었답니다.

남극의 기후 현상 중 특이한 것으로 흐린 날에 나타나는 '화이트아웃(Whiteout)'을 들 수 있죠. 이 현상은 흐린 날에 구름층을 통과한 일사가

마리안소 만의 맑은 날 　　　　　　　흐린 날

빙설면과 구름 사이에서 난반사를 되풀이하기 때문에 물체의 그림자가 없어져버리고 지형지물의 판별이 곤란해지는 것을 말하는데요, 사방이 온통 하얗게 보여 땅과 하늘의 구별 및 높낮이, 원근에 대한 감각까지 잃게 함으로써 큰 사고를 일으키기도 한답니다. 위의 두 장의 사진을 보세요. 같은 장소의 사진인데 오른쪽 사진에서는 산과 하늘의 경계가 구별되지 않잖아요? 이런 날씨에는 비행기는 물론 날아다니는 새까지도 땅에 부딪히곤 하죠.

기후에 관한 얘기는 여기까지 하고요, 이제 우리나라가 관리하는 지역인 펭귄마을로 이동해봐요. 아마 펭귄이 너무 많아서 깜짝 놀랄 거예요.

킹조지 섬 세종기지 부근에는 두 종류의 펭귄마을이 있어요. 눈 위에 하얀 삼각형 무늬가 있고 부리가 주황색인 펭귄을 '젠투펭귄'이라고 하고요. 목에 검은 띠 무늬가 마치 턱 끈을 하고 있는 것처럼 보이는 펭귄을 '친스트립(chinstrap)펭귄', 우리말로 '턱끈펭귄'이라고 불러요. 이 외에도 지구상에는 18종의 펭귄이 있는데, 이중 7종이 남극권에 분포한답니다.

펭귄의 주요 먹이는 동물성 플랑크톤인 '크릴'이에요. 어미 펭귄들은 어렵게 잡은 크릴을 입속으로 넘긴 후 둥지로 돌아와 반쯤 소화시킨 것을 토해서 새끼에게 먹이죠. 크릴이라는 말은 '고래 밥'이라는 뜻의 노르웨이어라고 해요. 크릴은 펭귄뿐 아니라 해표류 및 고래들의 주요 먹이가 되기도 하거든요. 그래서 크릴이 많은 곳에는 해표나 고래도 많아 이들이 펭귄을 잡아먹기도 하죠. 펭귄은 남극해의 먹이사슬에서 상당히 높은 지위를 차지하고 있지만, 도둑갈매기(스큐아)를 비롯해 해표나 범고래 등의 먹이가 되기도 한답니다.

여기서 문제 하나 낼 테니 맞혀보세요. 펭귄을 보면 대부분 머리에서 꼬리까지 등 쪽은 검은색이고, 배 부분은 흰색인 이유가 뭘까요? 답을 말씀드리면, 생존을 위해 자신을 위장해야 할 필요가 있었고 그렇게 오랜 세월 진화한 결과 그렇게 된 것이랍니다. 펭귄이 바다 표면을 헤엄칠 때는 하늘에서 자신을 사냥하려는 도둑갈매기의 눈에 띄지 않기 위해 등이 검푸른 바다색을 띠어야 했고요. 반대로 물속에서 헤엄칠 때는 배 부분이 흰색이어야 하늘과 비슷한 색으로 보여 해표 같은 포식자의 눈에 띄지 않기 때문이죠.

펭귄마을

센투펭귄

턱끈펭귄

물속의 해표와 빙산 위의 펭귄

유빙 위로 대피하는 펭귄

오른쪽의 하늘을 날고 있는 새는 '알바트로스', 우리말로는 '신천옹'이라고 해요. 알바트로스가 날개를 펴면 그 길이가 3.5미터에 달하죠. 남미의 선원들은 죽으면 알바트로스가 된다는 전설을 믿고 있어서 절대로 잡지 않는다고 해요.

남극 대륙은 다른 대륙과 바다로 분리되어 있는 데다가 겨울에는 생물들이 살기에 기온이 너무 낮아 땅 위에 서식하는 동물은 펭귄 말고는 거의 없어요. 단지 남반구의 여름에 날아오거나 바다로 헤엄쳐 와서 잠시 번식하는 생물들이 주로 보이는데, 따라서 다른 동물군보다 새들이 많이 관찰되는 거랍니다. 앞에서 말한 알바트로스 말고도 제비갈매기, 가마우지, 고래새, 남극제비 등 50여 종의 새들이 남극에 살죠.

유빙 위에 물범(해표)이 올라와 있는 게 보이네요. 여러분은 물범과 물개의 차이를 아시나요? 물범(해표)은 귓바퀴가 없고 몸통을 움직여 출

도둑갈매기

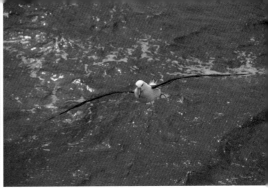

알바트로스

렁출렁 땅 위에서 움직이며, 뒷지느러미를 주로 이용하여 헤엄치는 반면, 물개는 귓바퀴가 있고 앞지느러미로 몸을 일으킬 수 있으며 앞뒤 지느러미를 이용해 비교적 빠르게 땅 위에서 움직인답니다. 이곳 세종기지 주변에서는 쉽게 물범이나 물개들을 만날 수 있습니다. 웨델물범, 남방코끼리물범, 게잡이바다표범, 남극물개 등인데요, 이 녀석들은 땅 위에선 어기적어기적 기어다니지만 물속에서는 재빠르게 헤엄쳐 펭귄을

물범(해표)

우스네아

지의류에 덮인 표면

남극좀새풀

잡아먹기도 하죠. 안타까운 건 남극 탐험과 개척의 역사가 물개 사냥과 고래 사냥으로 시작되었다 해도 과언이 아니어서, 가죽이나 기름을 얻기 위해 물개와 물범, 고래 등을 대량 도살해 한때 멸종될 위기에 이르기도 했다는 거예요.

남극의 동물에 대해 공부했으니 이제 식물을 알아볼까요? 추운 남극에도 식물이 살 수 있을까 싶지만 지의류, 선태류, 균류 등의 식물이 살고 있답니다. '우스네아'라고 하는 지의류 풀들이 땅 위를 덮고 있는데,

지의류(地衣類)란 땅을 옷처럼 덮고 있는 생물을 말하는 거예요. 정확히 말하면 지의류는 식물이 아니고 균류와 조류(식물성 플랑크톤)로 구성된 생물인데요. 남극처럼 환경이 척박한 곳의 바위 등에 붙어 서식하면서 바위를 부식시켜 토양을 만들기도 해요. 또한 남극잔디라고 하는 '남극 좀새풀'도 있어요. 남극좀새풀은 꽃도 피우는데 이 추운 곳에서 꽃을 피우다니 정말 신기하고 놀라운 일이에요.

남극을 여행하는 이유

자, 이제 남극에 와서 해야 할 가장 중요한 일을 할 차례예요. 다름 아니라 세종기지의 연구원들을 만나서 도대체 남극에서 어떤 연구 활동이 이루어지는지 알아보는 거죠. 또 남극까지 온 김에 세종기지뿐만 아니라 다른 나라의 기지도 견학하고 가면 참 좋겠죠?

우선 세종과학기지는 1988년 파견된 월동대가 기지를 유지하고 연구 활동을 벌이고 있는 곳이에요. 위치는 남극 대륙에서 북쪽으로 뻗은 남극반도 북단의 사우스셔틀랜드 제도(South Shetland Islands) 가운데 가장 큰 섬인 킹조지 섬(King George Island)에 있어요. 그리고 2014년 6월에는 적극적인 극지 진출을 위해 동남극 빅토리아랜드 테라노바 만 연안에 '장보고과학기지'도 건설하였답니다. 이로써 우리나라는 세계에서 열 번째로 남극에 두 개 이상의 연구 기지를 보유한 국가가 된 것이죠.

세종과학기지

장보고과학기지

　　이곳 과학기지에서는 극지환경 모니터링, 해양생물자원 및 생태계 연구, 지질환경과 자원특성 연구, 빙하와 대기환경 연구, 고해양 및 고기후 연구, 해저지질 조사, 극한지 유용생물 연구 등 여러 활동이 이루어지고 있습니다. 또한 남극조약협의당사국으로서 국제 공동연구에 참여할 뿐만 아니라, 남극 환경보호에 대한 의무를 적극적으로 수행하고 있습니다.

📍
남극조약협의당사국(Antarctic Treaty Consultative Party)

남극조약을 비롯하여 남극에 관련된 규정을 만들거나 고칠 수 있는 나라를 말해요. 남극조약에 가입했다고 모두 같은 권리와 자격이 있는 것은 아니에요. '남극을 실제로 연구하는 나라' 가운데서 기존 남극조약협의당사국들의 만장일치로 자격을 부여하죠. 현재 세계 200여 국가 중 53개국이 남극조약에 가입되어 있는데 그중 29개국만 해당돼요. 우리나라도 1989년에 당당히 협의당사국이 되었답니다.

2003년 12월 조난당한 동료를 구조하러 자원했다가 사고를 당한 전재규 월동대원을 기리는 흉상도 보여요. 자연을 탐구하는 것과 인간을 사랑하는 일이 하나임을 보여준 스물일곱 살 젊은 과학자의 죽음은 세종과학기지 25년 역사에서는 처음 있는 일이지만, 남극에선 수많은 희생 중 하나라고 해요.

전재규 대원 흉상

이제 건물 안으로 들어가볼 거예요. 들어와보니 지질환경 및 자원특성에 대해 연구를 하는 연구실이 있고요, 식당도 있어요. 냉동이 가능한 부식은 월동대원이 들어올 때 컨테이너로 한번에 가져오고, 야채나 고기 등은 칠레나 브라질 등에서 간단히 공급해온대요. 이곳 밥맛은 어떤지 한번 먹어봤는데, 굉장히 맛있더라고요. 이곳에서는 연구원뿐만 아니라 요리사, 의사, 중장비 기사, 해경, 전기 기술자 등 여러 분야의 전문

연구실

취사장

해수담수화 기계

체력단련실

가들이 서로 협력하며 지내고 있답니다. 그렇다면 식수는 어떻게 해결할까요? 여름에는 빙하가 녹아 흐르는 물을 저장했다가 사용하고요, 추운 겨울에는 바닷물을 담수로 만드는 기계를 돌려 물을 공급받는다고 해요. 한쪽에는 체력단련실이 있는데요, 혹독한 환경에서 연구 활동을 하려면 체력이 우선되어야 하기 때문에 월동대원들은 틈틈이 체력 관리를 하고 있어요. 휴게실도 있어서 텔레비전은 물론 인터넷도 되고요. 이곳 남극에도 없는 게 없는 것 같아요.

여기서 활동 중이신 박사님이 들려준 이야기인데 재미있으니 한번 들어보세요. 1988년 세종과학기지를 건설할 당시 큰 배 한 척이 들어오더니 몇 개월 만에 최신 연구 시설을 뚝딱뚝딱 만들고 떠나는 것을 보고 외국 연구원들이 놀랐다고 해요. 당시 기지 건설 기술자들은 남극이 혹독하게 춥기 때문에 3개월간의 여름 기간 동안 기지를 만들고 철수해야 한다는 각오로 이곳에 왔었대요. 그런데 남극의 여름에는 해가 지지 않는 백야가 나타나거든요. 이곳 킹조지 섬도 밤 11시쯤 해가 지지만 불

휴게실   샤워실

빛 없이 신문을 읽을 수 있을 만큼 환해요. 또 새벽 2시가 되면 해가 뜨고요. 그러니 부지런한 우리 기술자들이 퇴근도 안 하고 24시간 작업을 계속했던 거죠. 이걸 보고 외국 연구원들이 깜짝 놀랐던 거예요.

외국 연구원 이야기가 나온 김에 다른 나라의 연구기지도 방문해보려고 해요. 이곳 킹조지 섬에만 8개국 아홉 개 기지가 운영되고 있다고 앞에서 말씀드렸는데 기억하시죠? 남극에서는 서로 협력이 필요하기 때문에 다른 나라 사람이 견학을 오면 반갑게 맞아준답니다. 참, 이때는 중장비 기사님과 해양경찰관님께 부탁드려 고무보트를 타고 가야 하죠. 물론 구명복은 꼭 입어야 하고요.

먼저 러시아의 벨링스하우젠 기지부터 가봅시다. 제정 러시아의 남극탐험가 벨링스하우젠을 기념하는 의미에서 지은 이름이라고 하네요. 언덕 위에 보이는 것은 연구원들의 종교 활동을 위한 정교회의 교회이고요. 또 하나 중요한 시설이 있는데 바로 야외 목욕탕이에요. 남극에 목욕탕이 있을 줄은 상상도 못했는데 정말 놀라워요. 물론 러시아

러시아의 벨링스하우젠 기지

연구원뿐만 아니라 다른 나라 대원들도 이용할 수 있다고 해요. 한 가지 더 말씀드리면 이곳 러시아 기지는 킹조지 섬에서 가장 오래된 기지랍니다.

　다음은 칠레 공군기지를 둘러볼 차례예요. 과학기지가 아니라 공군기지라니 좀 의아하시죠? 남극의 일부를 자국의 영토라고 주장하는 칠레는 이곳에 러시아 기지가 건설되자 곧바로 옆에 공군기지를 건설하여 군인과 그들의 가족까지 상주시켰답니다. 그래서 자녀들을 위한 유치원과 학교도 운영되고 있죠. 선생님은 연구원 및 군인 중 각자의 전공 분야를 살려 수업을 하는데 학력도 인정되는 정식 학교랍니다. 예를 들어 군의관에게 생물을 배우고, 정비 장교한테는 수학을 배우고, 행정장교에게는 영어를 배우는 거죠. 그리고 이곳 칠레 기지에는 병원도 있어요. 칠레 기지 대원뿐

러시아 기지 교회

야외 목욕탕

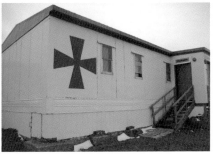

칠레 기지   칠레 기지 내 병원

만 아니라 다른 나라 기지에 응급환자가 발생하면 기꺼이 치료해주죠. 이 사실만으로도 칠레가 남극을 자국의 영토라고 주장하고 또 자국의 영토 내에서 행해지는 연구 활동을 지원해준다고 말할 수 있는 거예요. 가끔 외국 기지마다 야채나 보급품을 지원해주기도 한다고 해요.

다음 기지로 이동해볼까요? 한자가 눈에 띄는 걸 보니 중국 창청[長城] 기지인 것 같아요. 이 기지는 세종과학기지보다 3년 먼저 지어졌는데, 아주 오래전에 지어진 듯 많이 낡았어요. 하지만 최근 중국은 남극 연구에 열을 올리고 있어 거의 매년 새로운 건물을 짓고 있다고 하네요.

시간상 다 돌아보지는 못했지만 좋은 경험이 되었어요. 그럼 이제부터 남극에서 어떤 연구 활동이 이루어지고 있는지 알아

창청 기지

볼까요?

먼저 남극에서 공룡 화석이 발견된 이야기부터 해보죠. 공룡이 매우 따뜻한 곳에서 살았다는 건 알고 계시죠? 그런데 어떻게 남극에서 공룡 화석이 발견되었을까요? 공룡뿐만 아니라 활엽수 이파리 화석과 대륙을 구성했던 암석도 발견되었죠. 이것들은 바로 남극이 중생대까지 남미, 남아프리카, 오스트레일리아, 인도 등과 함께 하나의 거대한 대륙으로 붙어 있었다는 증거 자료가 되는 거랍니다. 혹시 '곤드와나 대륙 (Gondwanaland)'이라고 들어보셨나요? 오래전 남반구에 존재했다고 하는 가설적 대륙 말이에요. 이처럼 남극엔 지구 역사의 비밀을 풀 열쇠가 곳곳에 숨겨져 있죠.

남극 대륙과 바다 위를 뒤덮고 있는 만년빙, 이 얼음 속에도 많은 비밀이 감춰져 있어요. 눈이 만년설에서 얼음으로 얼어붙을 때는 그 공기도 함께 얼거든요. 만약 남극의 빙하가 42만 년 전부터 쌓인 거라면 그

곤드와나 대륙

빙벽

빙산

속에는 42만 년 전의 공기도 함께 얼어 있는 것이 되는 거죠. 이 얼음 속 기포를 조사하면 지구의 대기성분 변화, 엘리뇨나 화산폭발 그리고 대규모 산물 등의 자연환경 변화를 알 수 있게 되어 남극의 빙하는 과학자들에게 역사책처럼 귀중한 연구 자료가 된답니다. 그런데 최근에는 지구온난화의 영향으로 빙상이 녹는 속도가 매우 빨라졌어요. 빙상에서 떨어진 빙산 덩어리들이 바다 위를 떠다니는 걸 아마 보셨을 거예요. 빙

해수 관측 작업

쇄빙선과 쓰레기 처리

바지선과 고무보트

하는 시간을 얼려버린 냉동고와 같아요. 바닷속에서도 과거 지구의 증거를 건져올릴 수 있답니다. 남극해 퇴적물 속에는 과거에 일어났던 지구온난화, 바다 얼음 감소 및 해양 생태계 변화 등의 기록이 그대로 간직되어 있죠. 퇴적물 속의 과거 지구환경 변화 기록을 복원하면 미래의 해수면 상승, 지구온난화 등을 예측할 수 있는 거예요. 그러니 남극에서 이루어지고 있는 연구 활동이 얼마나 중요한지 아시겠죠? 우리 모두가 계속 관심을 갖고 지켜봐야 한다는 걸 새삼 깨닫게 되는 시간이었어요.

이제 남극에서 나갈 때가 되었네요. 나갈 때는 쇄빙선을 타고 가볼까 해요. 우리나라도 1미터 두께의 얼음을 깨고 나갈 수 있는 쇄빙연구선 '아라온호'를 건조해 남극과 북극을 누비며 극지 연구를 하고 있거든요. 그런데 부두에 쌓아놓은 박스들은 뭘까요? 바로 기지에서 배출된 쓰레기예요. 남극에서는 배출된 쓰레기를 철저히 분리하여 다시 남극 밖으로 가져가야 한답니다.

드레이크해협의 일몰

쇄빙선을 탔어도 파도가 너무 거칠어 뱃멀미가 나더라고요. 세상에서 가장 험하다는 드레이크해협을 지날 때였어요. 영국의 항해가 드레이크 경이 세계 일주 도중 마젤란해협을 지났을 무렵 만난 폭풍에 떠밀려와 우연히 발견한 해협이죠. 이 해협이 발견되기 전까지 사람들은 티에라 델 푸에고 섬을 남극으로 알고 있었다고 해요. 이곳은 남극 대륙을 감싸고 흐르는 남극환류(南極還流)의 영향으로 항상 거친 파도가 일렁이고 있답니다.

지금까지의 남극 여행은 어떠셨나요? 정말 새로운 경험이었을 거예요. 이렇게 넓고 얼음 천지인 곳에서도 사람이 생활하고 있다고 생각하니 경이롭기까지 하지 않나요? 그럼 이것으로 남극 여행, 아니 탐험을 마치겠습니다.

지구촌의 미래를 위한 약속, 파리기후변화협약

앵커 최근 미국의 도널드 트럼프 대통령이 '기후변화는 사기'라고 주장하며 파리협약 탈퇴를 선언하면서, 국제사회의 우려 섞인 목소리가 커지고 있습니다. 유엔 특파원을 연결해 자세한 소식을 들어보도록 하겠습니다.

기자 지난해 유엔 세계기상기구(WMO)는 2016년을 '지구 기후 극한의 해'로 규정했습니다. WMO는 "이산화탄소, 메탄 농도와 같은 기후변화의 주요 원인이 2016년 고비에 도달하며, 북극과 남극의 해빙 최소 기록이 깨졌다"라고 밝혔습니다. 이러한 상황에서 올해 미국의 파리협약 탈퇴는 깊은 우려를 낳고 있는데요, 많은 기상학자들은 "기후변화로 인한 해수면 상승이나 기상재해로 인해 세계 경제는 위험에 빠질 수 있다"고 비관적 전망을 내놓았습니다. 또한 유엔 사무총장은 "파리협정을 대체할 수 있는 지구온난화 해결책은 존재하지 않

으며, 전 세계가 더욱 강력히 협정을 이행해야 한다"고 호소하고 있습니다.

앵커 그런데 파리기후협약은 정확히 어떠한 협약인가요?

기자 파리기후협약이란 2015년 11월 프랑스 파리에서 열린 유엔기후변화협약(UNFCCC)에서 채택된 합의문을 지칭하는 말입니다. 즉 오는 2020년 만료되는 교토의정서 이후의 기후변화체제 수립을 위해 전 세계 195개국이 합의하여 공식 발표한 협약입니다. 주요 내용은 지구온난화를 막기 위해 주요 온실가스인 이산화탄소 배출량을 줄이도록 노력하자는 내용입니다.

앵커 그간의 많은 자료를 보면 지구온난화가 현재 진행형이라는 것이 사실인데, 미국 트럼프 대통령이 '기후변화는 사기'라고 주장하는 무슨 근거가 있나요?

기자 기후협약에 반대하는 트럼프 대통령이나 일부 과학자들의 논리는 '지구온난화의 원인이 과연 인간 활동 때문인가?'라는 것입니다. 이에 대한 근거로 빠르게 녹아내리는 북극의 해빙과는 반대로 남극의 해빙은 최근 지속적으로 증가하고 있다고 주장하기도 했는데요, 실제 2016년 남극의 해빙 면적은 1979년 이래 최소를 기록했다는 관측 자료가 나와 이러한 주장은 잘못되었음이 드러났습니다. 줄어든 면적도 관측 평균값보다 200만㎢나 작은, 남극 해빙을 관측한 이후 역대 최소라는 것입니다. 과학자들은 엘니뇨현상과 남극 자체의 바람 변화 등과 더불어 지속적으로 진행되어온 지구온난화를 주요 원인으로 제시하고 있습니다. 물론 지구온난화의 원인을 인간 활동의 영향만으로 규정짓기는 어렵습니다. 하지만 기후변화협약에 찬성하는 학자들은 온실가스가 온난화의 주요 원인이고, 인류는 화석연료를 사용하면서 꾸준히 온실가스 배출량을 늘려온 것이 사실이라고 말합니다.

앵커 최근 '콜드 러쉬'와 같은 신조어가 생긴 것처럼 '극지방의 얼음이 녹으면 극지방의 자원을 활용할 수도 있고, 또 여러 동식물의 서식지가 늘어날 텐데 뭐가 문제인가?'라고 생각하는 사람들도 있는데, 극지

파리 협정

방의 빙하가 녹는 것이 인류에게 어떤 영향을 끼칠까요?

기자 과학자들은 빙하에 덮인 극지방은 지구 기후를 컨트롤하는 에어컨과 같은 역할을 하는 장소라고 말합니다. 즉 지구에 들어오는 태양열을 다시 우주로 반사시키는 거울과 같은 역할을 하는데, 빙하가 녹고 땅이 드러나면 그 역할을 못하게 된다는 것이죠. 또한 빙하가 녹아 동토가 녹게 되면 땅속에 묻혀 있던 이산화탄소보다 더욱 강력한 온실가스인 메탄가스가 대기로 방출되게 됩니다. 즉 극지방의 빙하가 녹게 되면 지구온난화 속도가 급속히 가속되어, 단지 극지방만의 문제로 끝나는 것이 아니라 지구촌 곳곳에 해수면 상승이나 기상재해를 불러올 수 있다고 경고하고 있습니다. 🌏

— 2017년 7월 20일

5부

남태평양의 다채로운 섬들, 오세아니아

뉴질랜드

태즈먼 해

미션베이
스카이타워
마운트 이든

아그로돔
키위농장
마오리족의 공연장
로토루아 호수
와카레와레라
와이망구 화산계곡
오라케이 코라코 지열지대
와이오타푸 지열지대

오클랜드

로토루아

북섬

크라이스트처치 대성당
해글리 공원

태평양

웨스트랜드 국립공원
프란츠요제프 빙하

웨스트랜드

남섬

크라이스트처치

쿡산

밀퍼드 사운드

피오르랜드 국립공원

퀸스타운

카라라우 강 계곡
데카포 호수
와카티푸 호수

세 종류의 키위가 살고 있는 뉴질랜드

📍 마침내 길고 긴 여정의 마지막 대륙, 오세아니아만 남았어요. 오세아니아는 남태평양의 여러 섬나라를 총칭하는 말로, 그중 우리가 여행할 나라는 뉴질랜드와 오스트레일리아죠. 먼저 뉴질랜드부터 둘러볼 예정이에요. 혹시 남태평양의 섬나라 뉴질랜드의 면적이 얼마나 되는지 아시나요? 많은 경우, 뉴질랜드가 크지 않다고 생각해 호주와 묶어서 여행하기도 하는데 뉴질랜드는 우리나라의 세 배 정도 큰 나라예요. 정확히는 26만 7천 제곱킬로미터가 넘죠. 그러니 결코 작은 나라는 아니랍니다.

비행기를 타고 오면서 느낀 건데요, 특이하게 구름이 섬 위에만 떠

뉴질랜드의 구름

있었어요. 아마 마오리족이 뉴질랜드를 처음 발견했을 때도 그랬을 것 같아요. 마오리족이 오랜 항해 끝에 뉴질랜드에 이르렀을 때 길고 흰 구름이 덮인 땅을 발견하고는 'Aotearoa(The land of long white cloud)'라는 이름을 붙였다고 해요. 그래서 '아오테아(Aotea)'라는 이름이 뉴질랜드에서는 많이 사용되고 있대요. '아오테아', 왠지 어감이 좋고 예쁜 이름 같지 않나요? 본격적으로 뉴질랜드를 여행할 땐 꼭 하늘을 올려다보면서 다녀야겠어요.

남태평양의 섬나라 뉴질랜드

뉴질랜드에 도착해 제일 먼저 간 곳은 호텔이에요. 우선 짐부터 풀고 여행을 해보려고요. 호텔방에는 차를 마실 수 있도록 준비가 잘 되어 있는 게 특이해요. 이건 영국의 영향을 받았기 때문이랍니다. 마오리족이 살던 이곳을 처음 발

차 서비스

견한 건 네덜란드인이었어요. 네덜란드도 해안 쪽에 섬들이 모여 있었

뉴질랜드 국기

는데, 그 지역을 '질랜드(Zeel land)'라고 불렀거든요. 그런데 이곳이 질랜드와 비슷해서 '뉴질랜드(New Zeelland)'라고 이름 붙였다고 해요. 그 후 영국인 선장 제임스 쿡이 많은 과학자들과 함께 뉴질랜드 해안을 탐험하고 영국 영토로 선언한 후에 영국의 식민지가 되

었죠. 지금은 독립국이지만 뉴질랜드에는 아직도 영국 문화가 많이 남아 있답니다. 참, 뉴질랜드의 국기만 봐도 영국 국기 '유니언 잭'이 그려져 있잖아요.

호텔방에만 있지 말고 밖으로 나가야겠어요. 거리엔 일명 크리스마스 나무라고 불리는 '포후투카와 나무(pohutukawa tree)'가 많이 심어져 있

포후투카와 나무

아그로돔

양떼

네요. 왜 크리스마스 나무라고 하는지 궁금하시죠? 포후투카와 나무는 가로수나 정원수로 많이 쓰이는데요, 그 이유는 12월이 되면 빨간 꽃을 피워 크리스마스의 전령사 또는 크리스마스트리라고 한다고 해요. 빨간 꽃이 꼭 크리스마스트리의 장식 같아 보이기도 하거든요. 한여름의 크리스마스라, 이상할 거 같다고 생각했는데, 이 나무를 보니 여름의 크리스마스도 꽤 괜찮을 것 같네요.

이제 버스를 타고 '아그로돔(Agrodome)'으로 가볼까요? 아그로돔은 양 떼를 볼 수 있는 테마공원이에요. 뉴질랜드는 도시 인구가 약 85퍼센트에 달하면서도 경

제가 농업에 의존하고 있어요. 그리고 수출
액의 과반수가 농목업 생산품이고요. 인구
1인당 양 120마리, 소 23마리를 사육한다
고 하니 사람보다 양이나 소가 많은 나라예
요. 뉴질랜드의 기후를 보면 연중 온화하고
강수량 또한 풍부해 풀이 자라기에 좋은 환
경이죠. 그래서 뉴질랜드의 자연경관은 연

양쇼

중 녹색이 탁월한 풍광을 이뤄요. 목장은 10여 등분씩 울타리로 구획을
지우고 소나 양을 한 구역에서 얼마 정도 풀을 뜯게 한 뒤 그곳에 풀이
거의 없어지면 다른 구역으로 옮겨가서 풀을 뜯게 하죠.

이곳 아그로돔에서는 양 쇼를 볼 수 있답니다. 한국어로도 안내방송
이 나오니 잘 들어보세요. 개가 양치기 역할을 하는 것도 볼 수 있어요.
개가 양들을 모두 우리에 넣고 나서 칭찬해달라고 뒹구는 모습이 정말
귀여워요. 양이나 염소, 소 등을 키우는 곳에서는 개가 가축들을 지키는

양과 양치기 개

양모 공장

역할을 하기 때문에 매우 중요하다고 하더라고요. 그래서 개를 먹는 것은 재산을 지키는 동물을 먹는 것이므로 아주 위험한 행동이라고 생각하고 있죠.

다음 여행지로 가기 전에 양모 공장에 들러 양털을 어떻게 이용하고 있는지 견학하는 것도 좋은 기회이니 놓치지 마세요.

이번에 갈 곳은 키위 농장이에요. 우리가 마트에서 흔히 보는 '제스프리'가 바로 뉴질랜드의 키위 상표라는 거 아세요? 아마 키위는 봤어도 나무에 열려 있는 키위는 보지 못했을 거예요. 뉴질랜드에는 세 종류의 키위가 있는데요, 키위(kiwi)는 그린키위, 골드키위와 같은 세계적인 수출품인 과일의 이름이기도 하지만, 뉴질랜드를 상징하는 새의 이름이기도 해요. 또 뉴질랜드 주민의 약 70퍼센트를 차지하는 백인들을 부르는 이름이기도 하답니다.

키위 새

새와 사람을 키위라고 한다니 뭔가 이상하죠? 한데 키위 새의 모습을 보면 마치 과일 키위처럼 생겼답니다. 키위 새는 평소엔 매우 온순하고 깔끔하고 질서 있는 동물이지만 자신의 영역에 침입자가 들어오면 죽음을 각오하고 끝까지 사투를 벌이는 용맹함을 가졌다고 해요. 뉴질랜드에 처

그린키위   골드키위   키위 농장

음 상륙했던 영국계 백인들이 이런 외유내강한 모습에 반해 자신들을 키위라고 부르면서 과일뿐만 아니라 새와 사람까지 키위라고 부르게 된 거예요. 과일 키위, 키위 새, 백인 키위. 재미있죠? 뉴질랜드에 오면 과일 키위라도 실컷 먹어보세요.

이번엔 마오리족의 공연을 볼 수 있는 공연장에 왔어요. 마오리족은 약 천 년 전에 남태평양의 섬들에서 뉴질랜드로 이주해온 사람들로, 엄격히 따지면 원주민이라고는 할 수 없지만 아무튼 백인이 이주하기 전부터 살고 있었죠. 뉴질랜드에 이주해온 유럽계 백인들은 마오리 추장들과 조약을 맺고 사이좋게 같이 살 것을 약속했으며 지금까지도 그 약속은 지켜지고 있어요. 따라서 뉴질랜드의 공용어는 영어와 함께 마오리어예요. 주로

마오리어

하카 춤

포이 춤

영어가 사용되지만 많은 학교에서 마오리어도 가르치고 있죠. 지적 수준의 격차가 심하면 공존이 어렵다고 생각해 마오리 학생들에게 많은 장학금의 혜택까지 주고 있다니 참 현명한 생각이 아닌가 싶어요. 또 백인들이 이주해간 대부분의 신대륙에서는 원주민 문화가 말살되었는데 이렇게 조화를 이루면서 살리는 노력이 참 보기 좋고 말이에요.

그럼 공연을 감상해볼까요? 원주민들이 하카 춤을 추고 있어요. 하카 춤은 전사들이 출전하기 전에 추는 춤으로, 허벅지를 치고, 발을 쾅쾅 구르면서 큰 소리를 질러요. 또 포이 춤도 추네요. 포이 춤은 여자들이 추는 춤으로, 손에 들고 있는 방울을 돌리며 낭랑한 목소리로 노래를 부르죠. 마오리족의 인사법은 서로 가볍게 안고 코를 맞대어 비비는 것이랍니다. 우리 모두 같은 공기를 마시며 숨 쉬는 친구가 되었다는 의미라고 해요.

📍
마오리족의 상징인 춤

① 하카(Haka) 춤

전쟁 전에 사기 진작을 위해 마오리족이 추었던 춤이 바로 '하카 춤'이에요. 허벅지를 치고 발을 쾅쾅 구르는 것과 동시에 큰 소리를 지르며 혓바닥을 길게 내밀어 상대방에게 겁을 주는 동작이랍니다. 뉴질랜드의 럭비 대표팀인 올 블랙스(All Blacks)가 경기 전에 치르는 의식이기도 합니다.

② 포이(Poi) 춤

마오리족, 특히 여자들이 추는 민속춤이에요. 일종의 갈대로 만든 치마를 입고, 포이(poi)라고 불리는 솜이나 섬유로 된 방울을 손에 든 채 춤을 추죠. 무용수의 움직임이 우아하고 유연한 게 특징인, 경쾌한 춤이랍니다.

뉴질랜드는 1년 내내 덥지도 춥지도 않은 나라랍니다. 기온의 연변화가 적은 것은 바다 가운데 위치한 섬나라이고, 편서풍 지대에서 바다의 영향을 크게 받고 있기 때문이죠. 수도인 웰링턴(Wellington)의 경우 12월, 1월, 2월에 대략 20도, 겨울인 6월, 7월, 8월에 약 12~13도 정도거든요. 그리고 뉴질랜드의 기후는 여름철이라고는 해도 아침저녁으로는 서늘하답니다. 그러니 여행할 땐 반드시 긴 옷을 챙겨야 해요.

한 가지 더 말씀드릴 건 뉴질랜드에서 자라는 고사리 나무에 대해서예요. 사진 속의 나무가 고사리 나무라니 믿어지지 않으시죠? 우리가 먹는 고사리가 나무

여름철 여행객

고사리 나무

로 자라다니 그것도 신기하고요. 이게 모두 기후 때문인데요, 기후의 차
이가 같은 식물도 다르게 자라게 하다니 놀라지 않을 수가 없네요.

📍 고사리 나무(tree fern)

우리나라에서는 고사리가 겨울이 되면 얼고
봄이 되면 새순이 돋아 연하고 부드러워 식용
나물로 이용되고 있지만, 뉴질랜드에서는 기
온이 영하로 내려가지 않기 때문에 고사리가
여러 해 동안 계속 자라 아주 큰 나무로 성장한
답니다. 큰 나무는 키가 무려 5미터에 달한다
고 해요. 잎 뒷면에 하얀 은빛이 나는 고사리를
'은고사리'라고 하는데, 이것이 뉴질랜드의 상
징 식물이에요. 그래서 국가대표 럭비팀의 유니
폼에도 은고사리 잎 그림이 그려져 있고, 엽서 및
상장의 바탕에도 은고사리 잎이 들어가 있죠 관
광 관련 물품들도 많이 판매하고 있고요

고사리 잎

관광 상품

화산 지형이 발달한 북섬

본격적으로 뉴질랜드의 북섬 여행을 해볼까요? 먼저 동서로 바다에 접해 있는 오클랜드 시를 구경해보려고요. 화산 지형에 건설된 오클랜드 (Auckland)는 바다에 접해 있어 경치가 무척 아름답답니다. 일반 사람들이 살고 있는 빌라가 보이시죠? 바다를 끼고 있는 빌라라니, 정말 부러운데요? 참, 이곳에선 집을 구할 때 북향집을 골라야 해요. 왜냐하면 뉴질랜드가 남반구에 있어서 북향집으로 햇빛이 더 잘 들기 때문이죠. 설마 뉴질랜드와 우리나라의 계절이 반대인 걸 모르시는 건 아니죠? 그것과 같은 이유예요. 혹시 뉴질랜드에 머물게 되었을 때 잘 모르고 남향집을 골랐다가는 낭패를 볼 수도 있답니다.

오클랜드 시

북향인 빌라

자, 남반구에서 제일 높다는 스카이타워를 보러 갈까요? 전망대의 바닥이 유리로 되어 있어서 아래가 다 내려다보이네요. 겁이 많은 사람이라면 잘 못 볼지도 모르겠어요. 저기 아래를 보니 아파트가 있네요. 오클랜드는 다운타운을 제외하고는 고층 건물이 별로 없어요. 시가지의 대부분이 단독주택으로 이루어져 있고, 주택마다 집주인의 취향에 맞게 정원을 꾸미고 있어 마치 도시 전체가 커다란 공원 같죠. 이처럼 오클랜드에 고층 건물이 없는 이유는 뉴질랜드

스카이타워

아파트

의 인구가 적기 때문일 거예요. 100만 명
이상이 살고 있는 도시가 이곳 오클랜드
시 하나뿐이라고 하거든요. 물론 지진도
이유가 되겠지만요.

단독주택

참, 뉴질랜드의 수도가 어디인 줄 아시
나요? 아마 많은 사람들이 오클랜드를 수
도로 알고 있을 거예요. 오클랜드는 마오
리족이 모여 살았던 곳으로, 유럽 백인의
이주도 많이 이루어져 일찍부터 도시가 형성되었죠. 그래서 수도의 기
능을 했던 거고요. 하지만 오클랜드가 너무 북쪽에 치우쳐 있어 1865년
에 남도와 북도의 중심인 '웰링턴(Wellington)'으로 수도를 옮겼어요. 수
도가 바뀐 뒤에도 뉴질랜드의 관문이자 제1의 도시로서의 기능은 여전
히 오클랜드가 하고 있긴 해요.

뉴질랜드는 환태평양 조산대에 위치한 나라랍니다. 그래서 이곳 북섬
에는 화산지대가 형성되어 있고, 지각판이 충돌하는 과정에서 지진이 발
생하기도 하죠. 특히, 오클랜드는 도시 전체에 약 50개의 화산들이 드문
드문 분포하고 있고, 그곳을 대부분 공원으로 꾸며놓았어요. 그러니까
지금부터는 본격적으로 화산 지형을 보러 갈 거랍니다.

이곳은 화산 관광지 로토루아(Rotorua) 호수예요. 이곳 로토루아 일대
는 북섬에서도 화산 활동이 최근까지도 활발히 일어나고 있는 지대라

로토루아 호수

유황 냄새가 진하게 나죠. 시간이 지나면 유황 냄새에도 익숙해지니 너무 걱정하지 않으셔도 돼요.

호수에는 거위들이 참 많죠? 관광객들하고도 잘 어울리는 것처럼 보여요. 저기 호수 한가운데에 있는 건 '모코이아(Mokoia)'라는 섬이에요. 히네모아와 투티테카이의 전설적인 사랑 이야기로 유명한 곳이죠. 두

로토루아 호수의 거위

호수 전경

사람의 사랑 이야기는 〈Po Karekare Ana〉라는 마오리인들의 민요로 전해지고 있어요. 이 노래는 우리나라에서도 부르는데요, 바로 "비바람이 치던 바다~" 이렇게 시작하는 연가를 기억하시죠?

로토루아 지대는 큰 호수만 해도 12개나 된다고 해요. 이중 가장 큰 로토루아 호수는 칼데라호로, 남서쪽 가장자리에 위치한 시가지가 로토루아 시랍니다. 높은 곳에 올라가보면 호수가 한눈에 들어올 거예요.

이제 식도락 여행을 떠나볼까요? 이왕 여기까지 왔으니 뉴질랜드 하면 떠오르는 스테이크와 와인을 먹어보려고 해요. 뉴질랜드는 양과 소를 많이 기르기 때문에 스테이크가 아주 맛있어요. 또 최근엔 와인 생산도 하고 있어 그 맛도 일품이랍니다.

스테이크와 와인

📍
칼데라호

'칼데라'는 냄비라는 뜻을 가진 말로, 강렬한 화산 분출이 일어나서 꼭대기가 폭발돼 없어지거나 꺼져서 생긴 것이랍니다. 이러한 칼데라에 물이 괸 것을 칼데라호라고 하고요. 보통 지름이 3킬로미터 이상으로 크죠. 우리나라에서는 백두산 천지가 유일한 칼데라호예요.

　이번 코스는 지열지대의 모습과 마오리족이 살았던 민속마을을 함께 볼 수 있는 '와카레와레와(Whakarewarewa)' 여행이에요. 유황 냄새가 진동하는 연기 속을 걷자니 마치 지옥으로 가기 전의 연옥을 지나는 것 같은 느낌이 들어요. 영화 〈반지의 제왕〉을 이곳 뉴질랜드에서 찍었다고 하던데 이런 분위기 때문이었나 봐요. 이곳에는 김과 연기를 내뿜는 무수한 분기공이 있는 것이 특징이거든요. 땅을 만져보면 따뜻한데, 다

와카레와레와

분기공

지열 때문이죠.

　마오리족들은 땅속 지열을 이용해서 음식을 해먹었어요. '항이 요리'

라고 하는데요, 이따가 한번 먹어보기로 해요.

항이 요리

와이망구

에메랄드 풀

마누카 나무　　　　　　　마누카 나무로 만든 화장품

이곳은 '와이망구(Waimangu)' 화산 계곡이에요. 1886년 타라웨라 화산의 대규모 폭발 이후에 네 차례의 작은 분출이 계속되어 피해가 발생했던 곳이죠. 이곳엔 한글로 된 안내문이 있으니 그걸 보고 표시된 번호를 찾아가면서 안내문을 읽으면 이해가 쉽답니다. 이 안내문 속의 번호대로 전부 보려면 약 2시간 반 정도가 걸린다고 해요. 그럼 우리도 같이 가볼까요?

첫 번째 화산지대는 '에메랄드 풀'이에요. 물 색깔이 아주 예쁜 것도 볼 만하지만, 물이 끓고 있는 게 정말 신기해요. 게다가 이런 곳에 나무가 자라고 있다니 놀라운데요, 바로 '마누카 나무'랍니다. 이 나무를 이용해서 화장품을 만든다고 하는데 기념품으로 사가도 아주 좋아요.

이제 또 다른 화산지대로 이동해보죠.

'오라케이 코라코(Orakei Korako)' 지열지대가 목적지인데요, 거기까지는 배를 타고 가야 해요. 이곳은 경치가 매우 아름다워 자연의 선물이라

오라케이 코라코 지열지대

고 극찬을 받는 곳이죠. 이곳 역시 와이망구 지대처럼 천천히 걸으면서 감상하면 된답니다. 흰색 계단 모양의 지형은 '신터 테라스(Sinter Terrace)'라고 하는데, 뜨거운 물에 포함되어 있던 실리카가 퇴적하면서 침전돼 만들어진 거죠. 사진으로 보면 두 곳 모두 색깔이 다르잖아요? 그건 물

신터 테라스

오라케이 코라코

의 온도에 따라서 자라는 미생물의 종류가 달라 표면에 생기는 색깔도
다르게 나타나기 때문이에요.

　　마지막 화산지대인 '와이오타푸(Waiotapu)' 지열지대에 도착했어요.
이곳에서는 오전 10시 30분에 쇼를 하니까 웬만하면 시간을 맞춰 오면

와이오타푸 지열지대

간헐천 쇼

좋겠죠. 쇼는 간헐천에서 하는데요, 관광객들에게 보여주기 위해 가루 비누를 넣어 인위적으로 물이 솟구치도록 하는 거예요. 자연 현상을 있는 그대로 보면 더 좋았을 텐데 조금 허무한 느낌도 들어요.

이번엔 간헐천보다 더 유명한 '예술가의 팔레트'라 불리는 곳으로 가

예술가의 팔레트

봐요. 정말 예쁘죠? 마치 물감을 짜놓은 팔레트처럼 다양한 색깔을 볼 수 있어요. 이건 분출물의 종류에 따라 달리 보여지는 것으로, 규산은 흰색, 유황은 노란색, 산화철은 적갈색, 이산화망간은 자주색, 인티몬은 오렌지색, 액상 유황은 녹색, 탄화 유황은 감색 등으로 나타나죠. 그래서 예술가의 팔레트뿐만 아니라 무지개 분화구, 악마의 잉크병, 오팔풀 등으로 다양하게 불리는 거랍니다. 정말 신비하고 아름다워요.

빙하 지형이 발달한 남섬

북섬을 여행했으니 남섬도 둘러봐야겠죠? 남섬에서 가장 큰 도시 '크라이스트처치(Christchurch)'부터 만나볼까요?. 북섬과는 느낌도 다른 게 무엇보다 많이 서늘하기 때문인 것 같아요. 여름이 맞나 싶을 정도로 서늘하거든요. 북섬은 남섬에 비해 지열지대도 많고 더 저위도 지역이어서 상대적으로 더 따뜻하게 느껴지죠.

크라이스트처치는 1850년경 잉글랜드인들이 영국의 도시를 본떠서 잉글랜드풍으로 건설한 도시랍니다. 그래서 중앙에 대성당과 광장을 두었고요, 그 주변에 도시 시설을 설치했어요.

성당의 첨탑에 올라가면 크라이스트처치가 한눈에 내려다보이는데, 2011년 2월 대지진으로 첨탑이 무너져 지금은 안타깝게도 올라갈 수가 없어요.

크라이스트처치

퐁가 고사리

크라이스트처치의 상징 중의 하나인 '퐁가 고사리' 조형물이 보이네요. 성당과 조형물이 있는 이곳이 바로 이 도시의 중심지라고 할 수 있어요. 천천히 걸어볼까요?

에이번 강

트램

도시 중앙을 굽이쳐 흐르고 있는 강은 '에이번 강(Avon River)'이에요. 에이번 강의 좌우 도로를 케임브리지 테라스, 옥스퍼드 테라스라고 하여 아름답게 조경을 해놓았죠. 이름에서부터 영국 느낌이 물씬 나죠? 이름뿐만 아니라 영국식 복장을 한 사공이 관광객을 태우려고 하는 모습도 보여요. 바로 '펀팅(Punting)'이라고 부르는 영국식 뱃놀이예요. 펀팅 말고도 또 타볼 게 있는데요, '트램'이라는 기관차랍니다. 트램을 타고 도시 이곳저곳을 둘러보는 것도 운치 있는 여행을 즐기는 한 방법이에요.

펀팅을 즐기려는 사람들

📍
크라이스트처치의 문구점

크라이스트처치에는 우리나라에서 수입한 문구를 파는 가게가 곳곳에 있답니다. 뉴질랜드에는 공업이 발달하지 않았기 때문인데, 그렇다면 왜 공업이 발달하지 않았을까요? 그 이유 두 가지만 말씀드리면, 첫째 인구가 적어서 노동력이 부족하기 때문이고요, 둘째 대륙으로부터 멀리 떨어져 있어서 소비시장으로 가기 어렵기 때문이에요.

다음 코스는 해글리 공원(Hagley Park)입니다. 이 공원은 면적이 2제곱킬로미터에 이를 정도로 넓게 펼쳐져 있어요. 큰 나무도 보이고 초록의 잔디밭도 보여요. 호수도 있고요. 정말 아름답죠? 앞에서 본 오클랜드도 그렇지만 크라이스트처치도 많은 공원이 가꾸어져 있어 도시 전

해글리 공원

체가 하나의 큰 정원 같아요. 큰 공원을 찾기 힘든 우리나라를 생각하면 너무나 부러운 일이에요.

자, 이제 슬슬 '퀸스타운(Queenstown)'으로 가볼까요? 퀸스타운 하면 빙하 관광과 신나는 레저로 유명하잖아요. 벌써부터 기대가 되는걸요.

이곳은 세계 최초의 상설 번지점프장이 있는 카와라우 강(Kawarau River) 계곡이에요. 영화 〈번지점프를 하다〉도 이곳에서 찍었다고 해요. 1988년 처음 만들어진 43미터 높이의 점프장이 협곡을 가로지르는 카와라우 다리 위에 놓여 있어요. 다리 아래로 펼쳐진 쪽빛 강물을 향해 뛰어내리는 거죠. 여담인데요. 번지점프는 극도의 두려움을 이겨내고 자신감을 심어줄 수 있기 때문에 자폐증 환자와 같이 정신적 어려움을 겪고 있는 사람들에게 치료법으로도 이용되고 있다고 해요.

카와라우 강

번지점프

자, 이제 남섬의 데카포 호수(Lake Dekapo)로 이동해볼까요. 북섬의 타우포 호수나 로토루아 호수는 화산 폭발로 이루어진 칼데라호인 반면, 남섬의 남알프스 산맥 주변에는 수많은 빙하호가 있죠. 그러니까 이곳에 빙하가 있다는 건데요, 빙하기 때 빙하의 침식으로 만들어진 빙식곡에 물이 괴어 형성된 것이 빙하호예요. 수량이 풍부한 이 일대는 여섯 개의 호수가 수로로 연결되어 호수 사이의 낙차를 이용해 수력발전을 한다고 해요.

데카포 호수

퀸스타운

이처럼 뉴질랜드는 화산도 있고, 빙하도 있는 나라이니 다양한 경험을 할 수 있겠죠?

이제 본격적으로 퀸스타운 여행을 시작해보려고 해요. 퀸스타운은 아주 조용한 도시로 뉴질랜드를 여행했던 사람들 중엔 퀸스타운이 제일 좋았다고 말하는 경우가 많죠.

이곳은 뉴질랜드에서 가장 긴 약 80킬로미터의 빙하호, 와카티푸 호수(Lake Wakatipu)예요. 몇 년 전에 우리나라의 에어컨 광고를 이곳에서

와카티푸 호수

백야현상

찍었다고 하더라고요. 빙하가 이렇게 크고 긴 호수를 만들었다니 자연의 힘이 정말 엄청난 것 같아요. 참, 여기는 고위도 지역이라 여름에 해가 늦게 지는 편이죠. 이곳보다 더 고위도 지역은 해가 거의 지지 않는 백야 현상이 나타나기도 한답니다. 그래서 저녁 9시가 돼도 환한 게 마치 대낮처럼 느껴진다니까요.

잠깐 기념품 가게에 들러 구경 좀 해보고 갈까요? 여기 지도 좀 보세요. 지도가 거꾸로 되어 있죠? 그 이유는 뉴질랜드가 남반구에 있어서 항상 지도의 아래쪽에 그려지잖아요. 모든

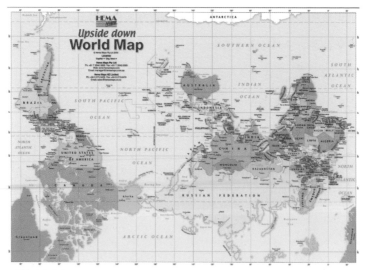
거꾸로 된 지도

나라가 자기네 나라를 지도의 중심에 놓고 싶어하거든요. 그래서 뉴질 랜드도 지도의 제일 중앙에 오도록 지도를 거꾸로 그린 거예요. 거꾸로 된 지도, 어때요, 뉴질랜드를 여행한 기념 선물로 제격이지 않나요?

이것으로 퀸스타운 여행을 마치고, 이제 피오르 해안을 볼 수 있고 빙하 트레킹 즐길 수 있는 웨스트코스트(West Coast)로 떠날 거예요.

남알프스 산맥을 넘어서 웨스트랜드(Westland) 국립공원을 방문했어 요. 쿡 산, 태즈먼 산 등 남알프스의 가장 높은 산들이 모여 있는 능선의 서사면 지역으로, 빙하 지역을 관찰하기에 아주 좋은 곳이 바로 웨스트 랜드 국립공원이죠. 뉴질랜드의 빙하는 모두 60여 개에 이르지만 그중 에 규모가 큰 것은 모두 이 국립공원에 모여 있답니다.

한 가지 이상한 점은 이곳 날씨가 그다지 추운 것 같지 않은데 어떻 게 빙하가 있을까, 하는 거예요. 그 이유는, 남알프스 서사면은 탁월풍 인 편서풍이 지형성 강수를 일으켜서 연강수량이 6,000밀리미터에 이 르고 높은 산지에는 비가 눈으로 내려 빙하를 만들기 때문이랍니다. 고 개를 넘을 때 좌우 곡벽에 마치 기다란 명주 실타래를 늘어뜨린 것과 같 은 실폭포가 계속 나타나니까 잘 살펴보면서 지나가세요. 정말 아름답 기가 말로 형언할 수 없을 정도거든요.

이번엔 피오르를 관찰하러 가볼 차례예요. 피오르! 기억나시죠? 1권 의 노르웨이에서 피오르에 대해 공부했었잖아요. 그 피오르가 이곳 뉴 질랜드에도 있답니다.

밀퍼드 사운드

밀퍼드 사운드(Milford Sound)라는 곳에 도착했어요. 뉴질랜드에서는 협만을 '사운드'라고 부르거든요. 사운드 중에서 자동차로 갈 수 있는 가장 북쪽에 위치한 곳이 바로 이곳이죠. 여기는 곧 피오르랜드 국립공원이에요.

피오르에 대해 다시 한 번 알아보고 넘어갈까요? 하천이 흐르던 산지에 빙하가 흘러내렸다가 후퇴하면 U자곡이 만들어져요. 이 U자곡이 해수면 상승으로 바닷물에 의해 침수되면 피오르 해안이 형성되는 거예요.

피오르 구경은 배를 타고 가야 해요. 이것이 바로 피오르 관광인데요, 비가 많이 오는 지역이기 때문에 준비를 단단히 하셔야 해요. 저 멀리 폭

U자곡

포가 보일 거예요. '현곡'이라는 지형이에요. 아까 고개를 넘어올 때 실폭포들을 봤는데 그곳에 바닷물이 들어왔다고 상상해보세요. 바로 이런 지형이 만들어지게 된답니다.

배를 타봤으니 이제 헬기를 타고 투어를 해볼까요? 빙하 정상에 올라가려면 헬기를 타고 가야 하거든요. 헬기를 타니 금방 산 정상과 빙하가 보이네요. 빙하가 흘러내리는 모습도 보이고요. 저 눈덮인 아래에 크레바스가 숨어 있는 거예요.

현곡

빙하와 산정상

흘러내리는 빙하

숨어있는 크레바스

녹아 흘러 내려온
빙하

낙석 경고 표지판

빙하가 침식한 증거

자, 드디어 빙하의 정상에 도착했어요. 생각보다 춥지는 않은 것 같아요. 그럼 지금부터 빙하 트레킹을 시작해봅시다. 얼음 위를 걸어야 하니 방수 신발과 옷을 입고 아이젠도 꼭 차야 해요.

빙하가 녹아 흘러내려온 얼음덩어리 같은 것도 눈에 띄네요. 일반 얼음에 비해서 엄청 단단한 게 잘 녹지도 않을 것 같아요. 그리고 낙석 등을 조심하라는 경고 표지판도 보여요. 낙석에 맞을까 무섭다고요? 가이드가 반드시 동행하는 곳이니 너무 걱정하지 않으셔도 된답니다.

과거에 빙하가 침식한 증거가 곳곳에 보이는데요. 둥글게 파여 있기도 하고 빙하가 긁고 간 듯한 흔적도 있고요. 이런 걸 두고 '찰흔'이라고 하죠.

찰흔(striation)

빙하의 이동에 의해서 암석 표면에 생긴 가느다란 홈 모양의 자국을 말해요. 이 찰흔의 방향을 따라 빙하의 이동방향을 추정할 수 있죠. 그리고 찰흔 자국이 있는 자갈이 깔려 있다면, 그건 빙하가 존재했음을 나타내는 증거가 돼요. 한편 찰흔은 빙하작용 이외에 눈사태나 산사태, 그리고 인위적 작용 등에 의해서도 생기는데, 이 때문에 빙하성 찰흔을 '빙하찰흔'이라고 부른답니다.

프란츠요제프 빙하(Franz Josef Glacier)를 올라갈 예정이에요. 이 빙하는 산 정상에서부터 흘러내려온 곡빙하랍니다. 아이젠을 신었다고 해서 방심하면 큰일 나요. 얼음 위를 걷는다는 게 보통 일은 아니거든요. 다행히 가이드가 곡괭이질로 얼음 계단을 만들어주어 걸어 올라갈 수가 있어요. 올라가다 보니 기묘한 느낌이 드는데요, 지구온난화 때문에 빙하가 줄어든다는데 왠지 빙하를 더 파괴하면서 관광하고 있는 것 같아서 말이에요. 올라가다가 문득 뒤를 돌아보았더니 드넓은 평원이 보여요. 저 넓은 평원이 과거엔 모두 빙하로 덮여 있었다고 상상하니 숙연해지기까지 하더라고요. 프란츠요제프 빙하만 해도 약 200년 전에는 말단부가 표고 200미터 부근까지 내려와 있었는데, 그 뒤 지구온난화의 영향으로 계속 후퇴해서 현재는 표고 300미터에 위치하고 있다고 해요. 빙하가 신비롭고 아름답기는 한데 관광 목적

프란츠요제프 빙하

곡빙하 트레킹

평원

빙하의 신비로움

의 트레킹은 금지하는 게 빙하의 신비로움을 지키는 방법이 아닐까 싶네요. 트레킹을 오기 전에는 무척 설레었는데, 막상 내가 빙하를 파괴하고 있는 게 아닌가 생각하니 마음이 편치 않더라고요.

아무튼 이 트레킹을 끝으로 뉴질랜드 여행을 마치려고요. 양을 사육하던 푸른 초원, 도시 곳곳에 있는 공원들, 그리고 집집마다 잘 꾸며놓은 예쁜 정원들이 모여 뉴질랜드의 아름다움을 만들어주었어요. 이 느낌을 가슴에 담고 떠날 수 있어서 참 기분이 좋습니다.

오스트레일리아

인도양

그레이트배리어리프

쿠란다

그레이트 디바이딩 산맥

카타추타 국립공원

앨리스스프링스

울루루

애버리지니 예술품 전시관
원주민의 호주 아트&컬처센터

플린더스 체이스 국립공원

리마커블 록

보타닉 공원

오페라하우스
록스 지구

애들레이드

시드니

캥거루 섬

멜버른

야라 강
콜린스 거리
페더레이션 광장
이민박물관
그레이트 오션 로드

태평양

광활한 자연과의 만남, 오스트레일리아

📍 오세아니아의 마지막 여행지이자 세계 여행의 마지막을 장식할 나라는 바로 오스트레일리아, 즉 호주입니다. 우리나라에서 출발해 아시아와 유럽을 거쳐 아프리카, 아메리카 그리고 남극을 지나 이곳 오세아니아까지 그야말로 대장정이었다고 해도 과언이 아닐 거예요. 그런데 벌써 마지막 여행지라니, 시간이 너무도 빨리 지나갔다는 생각이 들지 않나요? 그럴수록 이곳 오스트레일리아를 제대로 보고 경험해야겠다는 의지가 샘솟는 것 같아요. 이번 오스트레일리아 여행은 남동부 해안 지역과 아웃백 지역을 돌아보는 코스로 잡아봤어요. 남동부의 대표 도시 시드니와 멜버른은 물론이고, 캥거루와 코알라를 만날 수 있는 아웃

백 지역까지 가보는 거죠. 그럼, 우리 알찬 호주 여행으로 유종의 미를 거둬볼까요?

세계 3대 미항 중 하나인 시드니

세계의 3대 미항은 어디일까요? 시드니(Sydney) 빼면 두 곳만 남는데, 그 중 한 곳은 이번 여행에서도 다녀왔답니다. 정답은 브라질의 리우데자네이루와 이탈리아의 나폴리예요. 그럼 시드니가 얼마나 예쁘기에 3대 미항이라고 하는지 확인해볼까요?

시드니

오페라하우스

우와! 거대한 만에 형성된 항구일 줄 알았는데 오히려 아기자기하게 해안선이 구불거려서 더 아름다워 보이는 것 같아요. 역시 3대 미항이라더니 다르긴 다르네요. 그럼 시드니 하면 떠오르는 오페라하우스를 보러 가야죠. 오페라하우스뿐만 아니라 하버브리지를 동시에 감상할 수 있는 곳이 있는데 거기로 이동해볼까요?

바로 '파일론 전망대(Pylon Lookout)'예요. 보세요. 오페라하우스(Opera House)가 저기 있어요. 파란색 바다와 하얀색 지붕이 정말 잘 어울리는 것 같아요. 수많은 배가 왔다 갔다 하는 모습이 활기차 보이기도 하고요. 저 오페라하우스는 무엇을 모델로 해서 지어진 건지 아시나요? 오페라하우스의 특이한 모양을 두고 혹자는 조개껍데기 모양이라고 하고, 또 혹자는 요트의 흰 닻을 형상화한 것이라고 하는 등 의견이 분분한데요. 사실은 오렌지 조각을 보고 디자인했다는 설이 가장 유력하다

하버브리지   브리지 클라이밍

고 해요. 1957년에 착공해서 1973년 완성하기까지 무려 15년이 걸렸고요, 공사비도 약 90조 원이나 들어갔대요. 해저 25미터 깊이에 세워진 580개의 콘크리트 받침대가 총 16만 톤이나 되는 건물의 무게를 지탱하고 있답니다.

건설 당시에는 말도 많고 탈도 많았다고 해요. 국제설계공모전에서 당선된 덴마크의 건축가 요른 웃손(Jørn Utzon)이 설계한 것인데, 당시에는 파격적인 디자인으로 비현실적이라는 비판을 받았대요. 또 엄청난 공사비로 공사가 중단되기도 했고요. 그런데 지금은 호주 하면 떠오르는 대표 건물이 되었잖아요? 시간과 비용을 투자한 만큼 그 대가가 따른 거라고 할 수 있겠죠.

다른 쪽으로는 하버브리지(Harbour Bridge)가 있는데, 한번 보세요. 사람들이 다리 위에서 '브리지 클라이밍(Bridge Climbing)'을 하고 있는 것도

록스지구

보이네요. 브리지 클라이밍은 하버 브리지의 아치형 철근 구조를 따라 올라갔다가 내려오는 건데요, 관광 상품으로 개발된 거랍니다. 열 명에서 열두 명이 서로 끈으로 연결하고 안전장비를 갖춘 뒤 올라간다고 해요. 물론 안전하다고는 해도 하버브리지의 높이가 503미터에 이르니까 어느 정도의 담력이 있는 사람이 도전해야겠죠?

다음 장소는 '록스(The Rocks)' 지구로, 식민지 역사가 처음 시작된 곳이에요. 1788년 영국인들이 들어와 최초로 집과 가게, 건물들을 지은 곳이죠. 이후 시드니가 항구로 번창하면서 록스 지역엔 창고와 은행, 선술집 등이 들어서게 돼요. 그때 있었던 식민지 시절의 건물들이 현재 야외 카페나 박물관, 갤러리, 골동품점 등으로 이용되고 있죠. 그래서 전체적으로 고풍스러운 느낌이 물씬 풍긴답니다.

'캐드맨의 오두막(Cadman's Cottage)'이라고 적혀 있는 건물에도 한번 들어가볼까요? 1816년에 지어졌다고 하는 이 집은 캐드맨과 그 부인이 살았던 곳이라고 설명이 되어 있어요. 존 캐드맨은 말 한 마리를 훔친 죄로 1798년 여기에 왔고, 부인인 엘리자베스는 빗 두 개와 칼 몇 자루를 훔친 죄로 1828년에 왔대요. 아, 그러고 보니 이곳은 옛날에 호주가 영

캐드맨의 오두막

캐드맨의 오두막의 설명

국의 식민지였던 시절로 거슬러 올라가야 설명이 되는 집이군요. 1770
년 영국 해군이었던 제임스 쿡(James Cook) 선장이 영국인으로서는 최초
로 이곳을 방문하면서 호주가 영국에 알려지게 됐어요. 당시 미국의 독

조각품-3인 가족

군인

노동자

n and Elizabeth Cadman

John Cadman
27 years: Coxwain
Crime: Stole one horse

Elizabeth Mortimer
31 years: Servant
Crime: Stole two brushes and some knives

캐드맨과 그의 부인

립으로 새로운 죄수 유배지가 필요했던 영국은 열한 척의 선박으로 1,530명(이중 736명이 죄수)의 영국인을 이주시키면서 현재 시드니 지역에 죄수 유배지를 건설하기 시작했답니다. 죄수의 호주 유배는 1868년까지 계속되었는데, 이 과정에서 캐드맨과 엘리자베스도 이곳에 오게 된 거예요.

이곳의 조각품을 잘 보세요. 3인 가족, 군인, 발목을 묶인 노동자의 모습을 각 면에 새긴 게 보이죠? 이건 호주에 이주해온 사람들을 상징하는 거랍니다. 먼저 군인들이 죄수들을 데리고 왔고, 이후 일반 가족도 이주해온 거죠. 원래 이곳엔 '애버리지니'란 원주민들이 살고 있었는데, 다른 식민지와 마찬가지로 유럽의 이주민들에게 땅을 빼앗기고 오지로 쫓겨나거나 도시에서 어렵게 살아가고 있답니다.

애버리지니

📍

호주에서 여행하기 불편한(?) 도시, 캔버라

호주의 수도는 시드니가 아니고 캔버라(Canberra)예요. 방사상의 도로망으로 유명한 계획도시죠. 1901년 오스트레일리아가 영국으로부터 독립했을 때, 수도 자리를 놓고 멜버른과 시드니가 충돌했어요. 결국 타협 끝에 1908년 캔버라 땅을 수도입지로 선정했죠. 캔버라는 멜버른과 시드니 사이의 중간 지점에 위치한 까닭에 수도가 된 거예요. 도시 설계를 놓고 국제경연을 열어 미국의 건축가 월터 그리핀과 매리언 그리핀이 선정되었고, 1913년에 드디어 도시 건설이 시작되었답니다. 캔버라의 설계는 '숲이 우거진 수도(Bush Capital)'라는 별명을 얻을 정도로 도시 내에 넓은 자연 초지를 받아들여 건설되었죠. 게다가 주요 도로는 격자 모양이 아닌 바퀴와 바큇살 모양으로 뻗어 있고, 의회 의사당과 고등법원 등 수많은 정부 관청이 모여 있어요. 하지만 이 도시는 관광 목적으로 방문하기에는 적절하지 않답니다. 관광객을 위한 시설이나 제도가 거의 마련되어 있지 않은데요, 방사상의 도로망을 보고 싶어 이곳을 방문했던 사람의 여행기를 보면 하루빨리 캔버라에서 탈출하고 싶었다는 고생담이 담겨 있기도 합니다.

의회 의사당

남반구의 런던, 멜버른

다음 목적지는 '남반구의 런던'으로 불리는 멜버른(Melbourne)이에요. 멜버른은 호주에서 두 번째로 큰 도시이고, 먼저 들렀던 시드니와 라이벌 관계에 있는 도시죠. 19세기 전반까지는 시드니가 호주 최대의 도시였

어요. 하지만 1851년 뉴사우스웨일스 주와 빅토리아 주에서 금이 발견
된 이후 골드러시가 이루어지면서 상황이 달라졌죠. 영국 본토와의 접
근성에서 멜버른이 시드니보다 더 유리한 위치에 있었기 때문에 크게
성장한 거예요. 그 결과 19세기 후반에는 호주 최대의 도시이자 가장 부
유한 도시에 멜버른이 당당히 이름을 올렸답니다. 이때부터 시드니와
멜버른 사이의 전통적인 경쟁 관계가 형성되었어요. 물론 지금은 호주
금융의 중심지인 시드니가 인구 460만으로 제1의 도시로 자리 잡았고,
멜버른은 인구 410만으로 제2의 도시가 되었지만요.

야라 강

    그러니 이번 멜버른 여행에서는 시드니와 다른 점을 찾아보는 것도 의미가 있을 것 같아요. 먼저 시드니와 마찬가지로 멜버른은 바다와 접하고 있어요. 시드니에 비해 해안선이 단조로운 편이지만요. 그리고 도시의 중심을 흐르는 야라 강(Yarra River)을 따라 고층 빌딩이 들어서 있어요. 특이한 건 그 고층 빌딩 사이로 오래된 건물들이 자주 눈에 띈다는 것이죠. 멜버른은 영국 빅토리아 여왕 시대의 건물이 전 세계 도시 중에서 런던 다음으로 많이 남아 있다고 해요. 1981년에 지어진 '세인트 폴 성당'도 보이고 1854년에 지어진 '플린더스 스트리트 역(Flinders Street

세인트 폴 성당

플린더스스트리트역

콜린스 거리(1903년)

콜린스 거리의 현재 모습

Station)'도 보입니다. 참고로 이 역은 호주에서 가장 오래된 기차역이에요. 콜린스 거리는 1903년의 모습과 비교해볼 수 있는데요, 그때의 시계탑이 지금도 그대로 있는 게 100년 전의 모습과 크게 바뀌지 않은 것 같아요.

물론 멜버른에는 독특한 디자인의 현대식 건물도 많이 있답니다. 이곳은 페더레이션 광장(Federation Square)인데요, 갤러리와 식당이 있는 상가 건물도 독특하지만 광장에서는 각종 공연이 열리기도 하고 시민들이 시위를 하기도 하죠. 또 멜버른은 스포츠의 중심지예요. 1956년에 올림픽을 치른 바 있고 멜버른컵, 호주 테니스오픈, 그랑프리 등 거대 스포츠 행사의 개최지이기도 하죠. 멜버른 시민들은 축구를 매우 즐기는데, 재미있는 건 축구는 전통적으로 멜버른에 근거지를 두고 있는 반면, 럭비 리그는 시드니에서 가장 인기가 많다는 거예요. 이 두 스포츠는 호주 전역에서 사랑을 받고 있는데, 이 두 도시만큼은 서로 다른 쪽의 스포츠를 쉽게 받아들이지 않는다고 해요.

페더레이션 광장

공연 및 시위가 열리는 모습　　　　　　　　　축구 경기 모습

　그런데 영국 입장에서는 호주 북부가 더 가까운데 왜 남동부에 주요 도시들을 건설했는지 궁금하지 않나요? 시드니도 그렇고 멜버른도 그렇고요. 북부는 열대기후라서 인간이 거주하는 데 무리가 있기 때문이랍니다. 반면에 남동부 해안은 온대기후이기 때문에 쾌적한 데다 영국의 기후와도 비슷해서 적응하기에 유리했던 거예요. 호주의 주요 도시

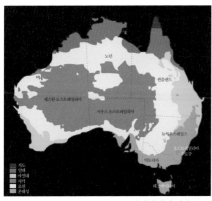

오스트레일리아의 기후 구분

오스트레일리아의 도시 분포

분포를 보면 남동부의 온대기후대를 따라 브리즈번, 골드코스트, 시드니, 캔버라, 멜버른, 애들레이드가 연속해서 위치한다는 것을 알 수 있어요. 따라서 호주 중앙부에 주요 도시가 없는 게 당연하다면 당연한 거죠. 그곳엔 사막기후와 스텝기후가 나타나서 사람이 거주하기에 불리하니까요.

다음은 '이민박물관(Immigration Museum)'을 둘러볼 차례예요. 호주는 이민자들에 의해 만들어진 나라이기 때문에 '이민'이 중요한 부분을 차지하거든요. 특히 이곳 멜버른의 이민박물관은 다른 도시의 그것보다 규모가 크고 내용도 풍부해서 구경할 만하답니다.

📍
호주 이민의 역사

1788년 : 영국인 1,530명 이주(죄수 736명 포함), 죄수는 1868년까지 16만 명 이주.

1823년 : 스페인의 메리노양 도입으로 목축업이 발달하면서 경제적 가치 인정. 죄수 유배지에서 식민지로 전환.

1840년대 : 죄수 노동을 점차 자유 이민 노동으로 대체.

1851년 : 골드러시 시작→자유 이민 증가. 노동력 충족을 위해 저임금 중국인 노동자 대량 유입→임금 경쟁을 초래하자 백인 노동자가 유색 인종 배척(백호주의의 기원).

1901년 : 'Immigration Restriction Act' 시행→비백인 이민자 감소.

1973년 : 백호주의 폐지.

그 이후 : 이민자 수 급감, 유럽인 비중 감소, 아시아인과 중동인 증가→경계심 고조→1991년부터 투자 이민 제한, 기술 이민 촉진.

*2015년 기준 3.5명 중 1명이 이민자임.

2015년 기준으로 3.5명 중 1명이 이민자라니 놀랍지 않으세요? 2015년 호주 인구의 28.2퍼센트가 이민자라고 해요. 영국 출신이 120만 명으로 가장 많고요, 그다음이 뉴질랜드인, 중국인, 인도인 순이죠. 우리나라 사람들은 10만 명 정도가 살고 있는데, 열두 번째로 많은 거라고 하네요. 우리 교민은 시드니에 가장 많이 거주하고 있고요, 과거에는 청소업, 요식업, 여행 서비스업 등에 종사했지만 최근에는 전문직 종사자가 늘고 있는 추세죠. 유학생도 중국, 인도 다음으로 많답니다.

지금부터는 지리쌤 혼자가 아닌 일행과 함께 할 거예요. 사실 호주는 국토가 너무 넓고 관광지들이 도시와 떨어져 있어서 대중교통 수단으로 여행하기가 어려워요. 그래서 그때그때 원하는 관광지의 투어 프로

이민박물관

그램을 미리 예약하고 신청한 사람들끼리 같이 다니면서 여행하는 거죠. 바다를 바라보면서 구불구불한 길을 따라 한적하게 달리니까 기분이 정말 상쾌하네요. 이 길이 세계에서 가장 아름답다고 하는 '그레이트 오션 로드(Great Ocean Road)'예요. 몇 년 전 '열심히 일한 당신, 떠나라'라는 카피로 유명한 광고에 나온 배경이라 우리에게도 익숙한 길이죠. 이 길은 멜버른 남서쪽 100킬로미터 지점에 위치한 도시 토르콰이(Torquay)에서 시작하여 워넘불(Warrnambool)이란 도시 부근까지 해안을 따라 놓인 243킬로미터 길이의 2차선 도로랍니다. 바람과 파도에 의해 침식되어 만들어진 절벽 위를 도로가 지나가고 절벽 아래에는 푸른 바다가 넘실거려서 아름답다고 소문난 곳이죠. 이 도로는 1차 세계대전 이후 불어닥친 대공황으로 인해 취업난이 심각했기 때문에 벌인 사업의 결과라고 할 수 있어요. 전쟁 후 일자리가 없던 참전 군인들을 대거 투입시켜 1919년에서 1932년까지 약 13년 동안 공사가 진행되었죠. 도로 건설은 폭약, 곡괭이, 삽, 손수레 등을 이용하여 '손'으로 이루어졌다고 하고, 안타깝게도 위험한 구간에서는 몇 사람이 목숨을 잃기도 했대요.

이제 그레이트 오션 로드의 최고 하이라이트를 보러 갈 차례예요. 얼마나 근사하면 최고의 하이라이트라고 하는지 기대하셔도 좋답니다. 보세요, 세상에 이렇게 아름다운 해안이 있다는 게 믿어지시나요? 석양에 물든 절벽이며 바다 한가운데 서 있는 돌기둥들까지, 입이 안 다물어질 정도예요. 여기가 바로 '12사도 상'이라고 불리는 커다란 바위상들로 유명한 관광지인데요, 이곳 해안은 거센 파도 때문에 1년에 1~2센티

그레이트 오션 로드

그레이트 오션 로드의 상징물

12사도 상

미터 정도씩 깎여나가고 있어요. 그 과정에서 깎이지 않은 부분이 저렇게 돌기둥 모양으로 남아 있는 거죠.

그렇다면 왜 '12사도 상'이라고 부르는 걸까요? 사진으로 보시는 돌기둥을 '시스택'이라고 하는데 처음엔 12개였다고 해요. 그래서 예수님의 열두 제자를 의미하는 '투웰브 어파슬(Twelve Apostle)'이라고 지칭하게 된 거죠. 이름이 주는 장엄함에 이끌려 더 많은 관광객들이 몰리게 된 것이고요. 지금은 파도에 의해 무너져 내려 제대로 남아 있는 것이 몇 개 되질 않아요. 가장 최근에 무너진 돌기둥은 높이가 50미터짜리였는데, 2005년 7월 3일 무너졌어요. 그리고 2009년 6월 10일에는 '로크 아드 고지(Loch Ard Gorge)'라는 거대한 돌기둥의 일부가 무너져 두 개로 분리되었죠. 또 언제 무너질지 모르니까 지금이라도 봐두길 잘한 것 같아요.

밀과 쇠고기의 나라

오늘 저녁식사는 직접 요리해서 먹어볼까 해요. 메뉴가 뭐냐고요? 호주에 온 만큼 쇠고기를 먹어봐야 하지 않겠어요? 그래서 메뉴는 쇠고기 스테이크로 정했죠. 이곳에선 한 근(600g)이 채 만 원도 안 하니까 엄청 싼 셈이에요. 맛도 기가 막히고요. 호주는 쇠고기 수출 세계 2위 국가랍니다. 비가 많은 북부와 습윤한 동부 해안에서 소를 많이 키우죠. 공급

저렴한 쇠고기

쇠고기 스테이크

이 많으니 가격이 저렴한 건 당연하겠지요. 가격이 저렴한 먹을거리가

또 하나 있는데요, 바로 치즈랍니다. 호주는 고기용 소뿐만 아니라 젖소

소를 방목하는 모습

다양한 치즈   다양한 유제품

도 많이 키우거든요. 주로 도시 근처에서 키우는데 우유가 물 값하고 별 차이가 나지 않아요. 치즈나 요거트 같은 유제품은 그 종류도 많을뿐더 러 다른 상품에 비해 상당히 저렴한 편이죠. 호주에 왔다면 쇠고기 요리 와 유제품은 일단 많이 먹어두자고요.

참, 먹을거리 얘기에서 빼놓을 수 없는 한 가지가 더 있는데요, 그 주 인공은 바로 '밀'이에요. 호주는 밀도 많이 나서 세계 4위의 밀 수출국 이랍니다. 주로 남동부의 머리 · 달링 강(Murray · Dailing River) 주변과 남서 해안에서 재배를 해요. 머리 · 달링 강 주변에서는 빗물과 강물을 이용해 농사를 짓는데요, 5~6월에 씨를 뿌려 12월에 수확을 한 후 1~4월은 여름이라 건조해서 밀밭을 그냥 놔둔다고 하더라고요. 1년에 한 번 수 확하는데도 수출 4위라니 규모가 크긴 큰가 봐요. 아무튼 많은 사람들 이 호주의 슈퍼마켓에서 파는 식빵이 우리나라의 제과점에서 파는 고

주식인 빵

마켓에서 빵을 사려는 사람들

급 식빵보다 더 맛있다고들 하죠. 그 이유는 수입한 밀이 아닌 현지에서 생산된 밀로 만들었으니 훨씬 신선하기 때문이 아닐까 싶어요. 마치 우리나라에서 햅쌀밥을 먹었을 때 묵은 쌀밥보다 맛있게 느껴지는 것처럼요.

호주 산업의 특색

호주는 풍부한 식량 자원과 에너지 자원을 바탕으로 한 자원 수출국으로 농업, 광업 등 1차 산업이 수출액의 63퍼센트를 차지할 정도로 주요한 외화 획득 수단이에요. 반면 제조업은 기반이 취약하여 공산품이 전체 수입액의 54.5퍼센트를 차지하죠. 금융 등 서비스산업의 비중도 크며 자본의 해외 의존도가 높아 외국 자본이 경제 개발 및 자원 개발에서 높은 비중을 차지하고 있어요. 에너지 및 광물 자원 개발은 다국적기업 등 해외 기업의 투자 유치 및 개발을 통해 이루어졌는데 최근 글로벌 금융위기 이후 자원 가격의 하락으로 투자 및 개발이 주춤한 상황이랍니다.

다음으로 가볼 곳은 애들레이드 보타닉 공원(Adelaide Botanic Garden)이에요. 그런데 여기 표지판을 보세요. "방문객과 후손을 위해 이 공원은 급수 제한에서 예외적이다. 하지만 물 절약을 위해 일부 지역은 물이 제한되어 숲이 누렇게 변하거나 사라질 수도 있다"라고 아주 심각한 내용이 쓰여 있어요. 이 글만 봐도 알 수 있듯이 호주의 물 부족은 심각한 문제랍니다. 국토의 대부분이 건조기후에 해당하는 데다가, 그나마 습윤한 기후에 속하는 남동부 해안도시도 최근의 가뭄 때문에 더 덥고 건조해졌거든요. 그래서 이처럼 물 부족을 알리고 물 절약을 호소하는 안내문을 종종 볼 수 있는 거예요.

호주의 물 부족 상황은 생수 가격을 봐도 알 수 있어요. 생수 1.5리터가 우리 돈으로 3,600원 정도 하는데, 우유 1리터도 3,600원 정도인 걸 고려하면 물 값이 매우 비싼 편이죠.

보타닉 공원

물 절약을 호소하는 안내문   농가의 물탱크

  물이 부족하다 보니 농가에는 빗물을 모으는 커다란 물탱크가 마련
되어 있고요. 지붕의 빗물까지 모으려는 노력을 하고 있어요. 더욱이 최
근에는 샤워 시간을 줄이자는 운동까지 한다고 해요. 홈스테이를 하는
유학생의 말에 의하면, 처음 도착하면 생활지침서를 받게 되는데 "샤워
시간은 기본 4분!"이라는 항목이 있고 이를 지켜달라고 신신당부를 한
대요. 4분 샤워를 위한 모래시계 타이머가 상품으로 나올 정도니 말 다
했죠.

  자, 이것으로 호주의 남동부 해안도시 여행을 마칠까 해요. 도시 구
경은 어느 정도 했으니까 지금부터는 호주 하면 떠오르는 캥거루와 원
주민들을 만나러 가볼까요?

캥거루와 코알라가 사는 곳

사진 속 물건은 아시다시피 부메랑이에요. 누구나 한 번쯤 가지고 놀았던 기억이 있을 거예요. 그런데 부메랑이 놀이기구뿐 아니라 사냥용 무기였다는 건 알고 계시나요? 바로 '애버리지니(Aborigine)'라고 하는 호주 원주민들이 부메랑을 가지고 사냥을 했답니다. 애버리지니들은 어떤 모습으로 살아가고 있을지 궁금하시죠? 그럼, 사우스오스트레일리아로 출발해봐요.

이곳은 야생동물의 천국이라고 할 수 있는 '캥거루 섬(Stay on Kangaroo Island)'이에요. 이런 이름이 붙게 된 데는 여러 가지 설이 있는데요, 이 섬에 캥거루가 많이 살기 때문이라는 설과, 섬의 모양이 캥거루를 닮아

부메랑

캥거루

서라는 설도 있어요. 또 이 섬을 방문한 영국인에게 원주민이 캥거루 고기를 대접하면서 붙여진 이름이라는 설도 있죠. 아무튼 이 섬에서는 야생 그대로의 캥거루를 볼 수 있으니 기대하세요.

어, 저기 캥거루가 나타났네요. 캥거루가 이쪽을 안 볼 때 살금살금 다가가다 쳐다보면 멈추고, 이런 식으로 가까이 가면 캥거루를 바로 앞에서도 볼 수 있어요. '무궁화꽃이 피었습니다' 놀이를 하는 것처럼요. 아무튼 동물원도 아닌데 지나가다 들판 곳곳에서 캥거루와 마주치니까 신기함과 재미를 함께 느낄 수 있답니다.

이제 유칼립투스 나무가 많은 곳으로 가볼 차례예요. 유칼립투스는

유칼립투스 나무와 코알라   코알라

호주 남부의 태즈메이니아(Tasmania) 섬이 원산지인 나무로, 코알라가 이 나뭇잎을 먹고 살죠. 저기 나무 위를 보시면 코알라가 보일 거예요. 코알라는 하루에 16~20시간을 나무에 매달려서 잔다고 해요. 그렇다고 코알라가 게으른 동물은 아니고요, 유칼립투스 나뭇잎에 영양분이 거의 없기 때문이랍니다. 그래서 에너지를 비축하기 위해 먹고 자고 배설하는 일밖에 하지 않는 거예요.

📍
호주에는 왜 특이한 동물들이 많을까?

오스트레일리아 대륙은 6,500만 년 이전부터 오랫동안 다른 대륙과 분리되어 있었기 때문에 여타 대륙에서는 볼 수 없는 특이한 동물군이 진화했어요. 대표적인 동물로는 캥거루, 코알라, 에뮤, 오리너구리, 듀공 등이 있죠.

- **캥거루** 유대류 중 가장 큰 동물이에요. 낮에는 무리와 함께 그늘에서 쉬다가 해질녘 먹이를 찾아 이동하죠. 앞발이 짧고 뒷다리가 발달하여 강한 점프력을 가지고 있어요. 시속 60킬로미터로 달릴 수 있으며 기다란 꼬리로 균형을 잡는답니다.

- **코알라** 호주 원주민 언어인 다루크어로 '물을 먹지 않는다'라는 의미를 가진 '굴라(gula)'에서 이름이 비롯되었어요. 과거에 유럽인들이 토종곰, 코알라곰 등으로 불렀으나 생물학적으로 코알라는 곰과와는 아무런 연관이 없다고 해요. 1년에 한 번 출산을 하며 6개월간 배 쪽의 주머니에서 키우다가 나중엔 등에 업거나 안아서 키우죠. 1년 정도 지나면 새끼를 독립시킨답니다.

- **에뮤** 조류들 중에서 두 번째로 큰 새예요. 몸 빛깔은 어두운 회갈색이며 날개는 퇴화해서 짧아요. 무리 생활을 하며 잘 뛰고 헤엄도 잘 치죠. 나무 밑이나 땅 위의 풀을 밟아 오목하게 만든 둥지에 9개에서 20개의 알을 낳으며 수컷이 58~61일간 품어서 부화시켜요. 부화 후 며칠이 지나면 새끼는 둥지를 떠난답니다.

자, 이제는 바닷가로 가봐요. 바닷가에서는 또 어떤 동물을 볼 수 있을까요? 여기서는 해안의 모래와 생물을 보호하기 위해 이렇게 정해진 길로만 다니도록 하고 있답니다. 저기, 바다사자가 해변에서 쉬고 있는 게 보이네요. 바다사자는 특이하게도 3일은 바다에서 사냥을 하고 3일은 해변에서 쉬면서 지내요. 가까이 다가가서 자세히 보고 싶지만 참아야 해요. 가까이 가면 위험하기도 하거니와 저들의 생활을 방해하거나 침범해서는 안 되기 때문에 이렇게 멀리서 조용히 바라보기만 하는 게 이곳의 여행 준수 사항이거든요. 마치 바다사자들이 주인인 바닷가에 인간은 손님으로 잠깐 들른 듯한 기분이 들어요. 이곳에서는 자연과 다른 생물종이 존중해야 하는 대상임을 새삼 배울 수 있답니다.

이번엔 액티비티를 하며 몸 좀 풀어볼까요? 바로 보드를 타러 갈 거랍니다. 보드라고 스노보드를 생각하신다면 오산이에요. 호주 남부는

바다사자 보호 지역

바다사자

거대한 사구 　　　　　사구에서 샌드보드를 타는 모습

남극에서 불어오는 강한 바람의 영향을 받아 높은 사구가 만들어지거
든요. 따라서 높은 사구에서 즐기는 샌드보드를 탈 예정이에요. 스노보
드 못지않게 샌드보드도 스릴 만점의 재밌는 스포츠랍니다.

리마커블록

여러 모양의 돌조각들

반달 모양

철가면 모양

사자 얼굴 모양

독수리 부리 모양

신나게 놀았으면 또 멋진 풍경을 감상하러 가볼까요? 바로 야외 돌
조각 공원이에요. '리마커블 록(Remarkable Rocks)'이라 부르는데, 이건 '놀
랄 만한 바위들'이라는 뜻이죠. 보세요, 별별 모양이 다 있어요. 반달 모

리마커블 록의 형성 과정 안내판

양, 철가면 모양, 사자 얼굴 모양의 바위도 있고요. 안내판을 보니 1912년에는 앞쪽의 바위가 지금보다 훨씬 컸다고 해요. 풍화가 계속 진행 중이라는 걸 알 수 있겠죠? 야외 돌조각 공원이라고 해서 사람이 조각한 뒤 가져다놓은 거라고 생각하셨다면 이번에도 잘못 생각하신 거예요. 이 바위들은 화강암이 햇빛, 공기, 물 등의 작용으로 깎이거나 분해돼서 만들어진 거죠.

📍
'리마커블 록'은 어떻게 만들어졌을까요?

5억 년 전, 지하의 마그마가 지표로 솟아오르기 시작했어요. 그 과정에서 그 위의 퇴적암은 열과 압력을 받아 더 단단해졌죠. 퇴적암 사이로 파고든 마그마는 지하 10킬로미터까지 올라왔고, 천천히 식기 시작하면서 화강암이 되었어요. 그리고 식으면서 많은 절리가 만들어졌죠. 화강암을 덮고 있던 퇴적암은 차츰 침식되어 갔고, 모두 제거되자 화강암이 드러나면서 여러 층의 판 모양으로 갈라지기 시작했답니다.

2억 년 전 즈음에 화강암 윗부분에 또 다른 절리들이 만들어졌어요. 그리고 그곳을 중심으로 풍화가 일어나다 결국 몇 개의 바윗덩어리로 분리되기에 이르렀죠. 그 이후로 지금까지 그 바윗덩어리들은 가열되었다 식었다, 젖었다 말랐다를 반복하면서 풍화되고 있어요. 바다에서 물방울이 날아와 갈라진 틈 사이에 소금으로 쌓이고 그것이 틈을 벌려 쪼개지기도 했죠. 해수면이 높아졌을 때는 파도의 침식도 일어났고요. 그 결과 지금과 같은 독특한 모양이 된 거랍니다.

원주민이 남아 있는 아웃백 지역

무려 25시간 동안이나 기차를 타고 드디어 '앨리스스프링스(Alice Springs)'에 도착했습니다. 이곳은 애들레이드로부터 1,535킬로미터나 떨어진 곳이니 25시간이란 말이 실감이 되시죠? 지금부터 진정한 '아웃백'에 들어왔다고 할 수 있는데요, 아웃백이라고 하니까 무슨 패밀리 레스토랑을 떠올리시면 안 돼요. 아웃백이란 주요 도시에서 멀리 떨어진 호주의 광활한 건조지역을 말한답니다. 황량한 사막이나 들판이 대부분이라서 사람이 살지 않는 곳이 많죠. 아웃백에 사는 사람들은 주로 농업이나 목축업에 종사하는데, 보통 몇 백 킬로미터당 한 가구가 살

앨리스스프링스

아웃백 지역

소금으로 뒤덮인 호수

잡풀이 듬성한 들판

앨리스스프링스

고 있는 실정이라고 해요. 기차를 타고 오다 보면 창밖으로 소금으로 뒤덮인 호수나 말라 있는 강, 또 잡풀이 듬성듬성 난 들판이 계속 이어지는 걸 볼 수 있는데, 이곳이 아웃백 지역이라서 그런 거죠.

그나저나 사막 한가운데 앨리스스프링스 같은 도시가 있다니 좀 어리둥절하기도 해요. 이곳이 어떻게 발전하게 되었을까요? 앨리스스프링스는 전신 중계의 중간기지 역할을 하면서 발전하기 시작했어요. 1871년 11월 첫 신호를 보낸 후 1931년까지 60년 동안 애들레이드와 다윈을 통신으로 연결하는 역할을 했던 거예요. 전신중계소는 현재 박물관으로 이용 중이랍니다.

전신중계소

앨리스스프링스는 호주에서 가장 많은

중앙호주원주민의회

애버리지니 예술품 전시회

현대식 갤러리

원주민의 호주 아트&컬처 센터

애버리지니를 볼 수 있는 도시예요. 호주 중앙부에 사는 애버리지니들
의 권익과 복지를 위해 1973년 세워진 '중앙호주원주민의회'가 이곳에
있고, 애버리지니 예술품 전시관이나 현대식 갤러리도 많죠. 그리고 이
전시관과 갤러리는 애버리지니의 소유이거나 그들이 운영한다고 하네
요. 또 '원주민의 호주 아트&컬처 센터'가 있어서 애버리지니의 예술작
품을 전시하거나 악기 연주 및 문화투어도 진행하고 있다고 합니다.

아, 그래서인지 거리에서 애버리지니를 흔히 볼 수 있어요. 그런데
평일 낮 시간인데도 그냥 하릴없이 앉아 있는 원주민들이 눈에 많이 띄

애버리지니들의 모습

어요. 안타깝게도 원주민 가운데는 관광 안내원이나 점원 등으로 자립적인 삶을 살아가는 사람들도 있지만 술과 마약에 취해 거리를 돌아다니는 이들도 많다고 해요.

📍
애버리지니(Aborigine)의 역사

애버리지니들은 약 6만 년에서 5만 년 전부터 오스트레일리아에서 살아왔어요. 대략 250개의 언어를 사용하는 소규모 집단으로 나뉘어 살고 있었죠. 그들은 자연 파괴를 막기 위해 농사보다는 사냥 생활을 하며 이동해 다녔는데, 1770년경에는 500개 부족에 인구가 약 125만 명에 달할 정도로 전성기였답니다. 하지만 영국인이 들어오면서 이들에게는 악몽 같은 삶이 시작되었어요. 영국인들은 애버리지니들을 학살하기도 했고 수두, 천연두, 인플루엔자, 홍역 같은 전염병을 전파해 수많은 애버리지니들이 사망하고 말았죠. 그래서 1788년에서 1900년 사이에 애버리지니 인구의 90퍼센트가 감소해버렸어요. 특히 인구밀도가 높았던 남동부 해안 지방이 큰 타격을 받는 바람에 인구가 크게 줄어들었고, 태즈메이니아 섬의 원주민들은 아예 멸종하기에 이르렀죠.
현재는 45만 명가량이 살아가고 있는데, 이건 호주 인구의 약 2.4퍼센트에 불과해요. 그들이 쓰던 언어도 70개 정도만 남아 있고요. 잔인하게도 영국인들은 애버리지니들의 땅을 몰수하고 사냥도 못하게 막으며 배급으로 살아가게 했어요. 게다가 그들의 아이들을 강제로 빼앗아 백인 가정에 입양시키거나 기숙사 생활을 하게 했죠. 혼혈을 유도해서 3대가 지나면 백인이 되게 하려는 의도였던 거예요. 그래서 애버리지니들은 이 아이들 세대를 '도둑맞은 세대', '도둑맞은 아이들'이라고 부른답니다. 가슴 아픈 건 이 아이들이 자라면서 우울증 같은 정신질환을 앓은 경우가 많다는 거예요. 그나마 2008년 2월 13일에 케빈 러드 총리가 처음으로 '원주민 박해 공식 사과문'을 발표했고, 도둑맞은 세대 중 일부는 법정 소송을 해서 2007년 9월 1일 호주 역사상 최초로 보상 결정이 내려지기도 했다는 게 다행이라면 다행이랄까요. 그리고 2006년 11월에 태즈메이니아 지역을 기점으로 애버리지니의 후손들에 대한 금전적인 보상이 이루어지게 된 것도 반가운 소식이고요.

애버리지니의 부메랑과 방패

원주민들은 수천 년 동안 '부메랑'을 사용해왔어요. 부메랑은 지역에 따라 모양도 사용법도 다른데요, 되돌아오는 것과 되돌아오지 않는 싸움용 무기까지 다양하죠. 일자형은 전쟁용으로 치명적인 부상을 입히고, V자형은 사냥용으로 되돌아오는 타입이에요. 갈고리 모양은 전쟁용으로 상대의 방패를 떨어뜨리는 데 용이하고요. 이렇게 부메랑은 낚시, 사냥, 싸움, 놀이, 의식용 등 여러 가지 목적으로 사용되었는데 의식용일 경우 부메랑에 그림을 그리는 경우가 많았답니다.

나무로 만든 '방패'는 애버리지니 예술가들에게 도화지 역할을 했어요. 조각을 하기도 하고 그들의 꿈을 그리기도 했죠. 이것 역시 지역마다 모양이 다르고, 모양에 따라 방어력도 달라진다고 해요. 그림은 점과 선으로 표현하기도 하지만 사람이나 동물의 내부를 투시하듯이 그리는 점도 독특하죠. 색깔은 붉은색과 노란색을 주로 사용하는데, 이는 호주의 대지 색이라고 합니다.

방패

이제 투어버스를 타고 다음 목적지로 떠나볼까요? 여기서 한 가지 재밌는 얘기를 하자면요, 혹시 지구에 배꼽이 있다는 사실을 알고 계시나요? 배꼽이라니 말도 안 된다고 생각하시겠지만 실제로 그렇게 생긴 곳이 호주에 있답니다. 물론 진짜 지구의 배꼽은 아니죠. 긴긴 시간에 걸쳐 아웃백 지역으로 들어온 또 다른 이유가 바로 배꼽처럼 생긴 특별한 곳을 보기 위해서랍니다.

자, 사진을 한번 보세요. 진짜 배꼽처럼 생겼죠? 저건 산이라고 하기보다는 바윗덩어리라고 보는 게 맞아요. 높이 348미터, 둘레 9.4킬로미터, 길이 3.6킬로미터의 거대한 바위죠. 허허벌판에 홀로 우뚝 솟아 있는 저 바위의 이름은 바로 '울루루(Uluru)'랍니다. 울루루는 간단히 소개하면 오래전에 퇴적된 사암층의 일부 단단한 부분이 침식되지 않고 남아 있는 거예요.

울루루

울루루는 어떻게 만들어진 걸까?

① 약 9억 년 전(원생대 선캄브리아기)에 형성된 아마데우스 분지에 수억 년에 걸쳐 퇴적층이 만들어졌어요. 유수에 침식된 모래와 자갈이 아마데우스 분지에 대규모로 퇴적되었죠. 수 킬로미터 두께의 자갈층과 모래층이 형성되었답니다.
② 5억 년 전, 이 분지는 바다가 되었고 모래와 진흙이 해저에 퇴적되면서 기존의 자갈층과 모래층 위에 쌓였는데, 그 무게로 두 층은 역암과 사암의 암석이 되었어요.
③ 4억 년 전, 바다가 물러나고 분지는 지각운동을 받게 돼요. 암석은 구부러지고 기울어졌죠. 역암층은 약간 기울어졌고, 사암층은 90도 기울어졌어요. (이때 많은 산맥들이 형성돼요.)
④ 지난 3억 년 동안 연한 암석이 빨리 침식되면서 오래된 암석층이 드러나게 돼요. 카타추타는 역암층의 단단한 부분이고 울루루는 사암층의 단단한 부분이랍니다.
⑤ 3만 년 전, 이 주변은 바람에 의해 형성된 모래 평원과 모래 사구로 뒤덮였어요. 따라서 울루루는 지표 아래에 있는 6킬로미터 정도의 거대한 바윗덩어리의 일부일 가능성이 제기되고 있답니다.

울루루는 햇빛의 변화에 따라 시시각각 색깔이 변하거든요. 석양을 받으면 붉어지고요, 해가 지기 시작하면 붉은 기가 줄어들죠. 일출 때는 강렬한 붉은색으로 보이지요.

그럼, 가까이에서 울루루를 느껴볼까요? 울루루 주변을 한 바퀴 돌아보는 건데요, 천천히 걸으면 3시간 정도 걸릴 거예요. 멀리서 볼 때는 아주 매끈한 것 같았는데 걸으면서 자세히 보니 굴곡도 많고 침식된 곳도 많이 보여요. 울루루도 다른 암석들과 마찬가지로 햇빛, 바람, 빗물에 의해 침식과 풍화가 일어나고 있기 때문이랍니다. 그래서 이렇게 벌

일출 때의 울루루

해가 질 무렵의 울루루

석양을 받은 울루루

일몰 후의 울루루

침식과 풍화가 진행된 모습   타포니

집처럼 파인 '타포니'도 자주 볼 수 있죠.이렇게 건조한 사막에 무슨 빗
물이냐고요? 가끔이지만 이곳에도 천둥이 치고 비가 내린답니다. 몇 시
간 동안 계속이요. 그때의 울루루는 정말 장관이
죠. 수많은 폭포가 생기기도 하고, 가끔 바위 아
래쪽에 물이 고여 있기도 하고, 물웅덩이가 만들
어지기도 하거든요.

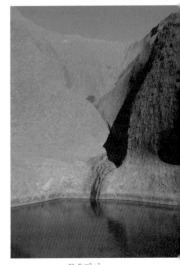

  마음 같아서는 울루루에 올라가보고 싶은데,
그건 곤란하다고 해요. 원래 여기가 원주민들이
신성시하는 곳이라 곳곳에 그들의 흔적이 남아
있어요. 움푹 파인 곳에 벽화도 그려두었고, 일
부는 동굴에서처럼 여기서 생활했다고도 하고
요. 다시 말해 이 지역에 살던 원주민인 '아난구
(Anangu)족'은 그들의 조상이 울루루를 만들었다

물웅덩이

원주민들이 그린 벽화   원주민들이 생활한 동굴

고 믿고 이곳을 신성불가침의 장소로 여겨왔던 거예요. 그래서 울루루 주변에 사진을 찍지 말라든가 바위 등반을 하지 말라는 등의 안내문이 있죠. 그러니 그들의 문화를 존중해줘야 하지 않겠어요?

📍
카타추타(Kata Tjuta) 국립공원

앨리스스프링스에서 남서쪽으로 460킬로미터 떨어진 지점에 울루루와는 또 다른 느낌의 바윗덩어리들이 있어요. 이곳이 카타추타 국립공원인데요, 카타추타는 애버리지니의 말로 '많은 머리'라는 뜻이라고 해요. 많은 머리라는 이름에 어울리게 카타추타는 여러 개의 바윗덩어리가 서로 머리를 맞대고 있는 모양새죠. 역암층으로 이루어진 36개의 돔형 봉우리들이 있으며 가장 높은 봉우리는 546미터로, 울루루보다 200미터 정도 더 높답니다.

이제부터는 아웃백을 떠나서 열대기후가 나타나는 '케언스(Cairns)'로 갈 거예요. 아웃백에 계속 있다 보니 머리가 어질어질하고 입맛까지 없는 게 아마도 덥고 건조한 날씨 때문인 것 같아요. 케언스는 퀸즐랜드 주에 있으니 비행기를 타고 가는 게 좋겠어요.

비 내리는 케언스

케언스에 도착하니 비가 내리고 있어요. 비가 이렇게 반가울 때도 있네요. 그런데 산호의 예쁜 색을 제대로 감상하려면 비가 그쳐야 좋답니다. 왜냐하면 다음 코스가 '그레이트배리어리프(Great Barrier Reef)'로, 길이 약 2,000킬로미터, 너비 약 500 ~ 2,000미터, 면적 20만 7,000제곱킬로미터의 세계 최대의 산호초 지대거든요. 산호는 말미잘 모양의 아주 작은 폴립들이 무수히 쌓여서 다양한 형태의 군체가 된 것이에요. 수심이 얕고 따뜻하며 맑은 바다에서 암초 위에 붙어 살죠. 그리고 산호 분비물이나 죽은 산호가 오랜 시간 쌓이면 암초처럼 변하는데 이걸 '산호초'라고 하는 거랍니다.

이곳 북동부 해안의 산호초는 너무 거대해서 우주에서도 보이는 유일한 생명체라고 해요. 그레이트배리어리프, 즉 '해안선을 따라 발달한

그레이트배리어리프

거대한 산호초'라는 뜻의 이곳에는 350여 종의 산호와, 1,500여 종의 어류, 4,000여 종의 연체동물 등 매우 다양한 생물들이 살고 있어요. 정말 굉장하죠? 그럼, 서둘러 가볼까요.

그레이트배리어리프를 감상하기 위해서는 배를 타고 조금 멀리 나가야 해요. 우선 배 안에서 안전교육과 스노클링하는 방법을 배우고요, 바다 위에 플랫폼을 세워두고 거기를 기점으로 주변 바다를 구경하는 거죠. 그럼 수영복으로 갈아입고 스노클링 장비를 갖춰볼까요?

바닷속으로 들어오니 정말 별천지가 따로 없어요. 산호도 예쁘고 물고기들 색깔도 화려하네요. 이제부터는 잠수함을 타고 좀 더 아래로 내

산호초 크루즈선

바다 위의 플랫폼

안전교육을 받는 모습

려가볼 거예요. 바닥이 유리로 된 배도 있어서 감상하기에 좋은데요, 스노클링이나 스쿠버다이빙을 못하는 사람이나 노약자들에게 산호초를 감상하기에 더없이 좋을 것 같아요. 그런데 주의할 건 이곳엔 샤워시설이 없어서 대충 간단한 옷을 걸치고 숙소에 가서 씻어야 해요. 산호초를 보호하기 위해서니까 불편해도 좀 참는 수밖에 없답니다.

잠수함을 이용한 산호초 감상

투명 보트를 이용한 산호초 감상

자, 이제 호주에서의 마지막 여행지를 갈 순서가 되었군요. 호주를 여행하는 동안 바다는 많이 봤는데 산이나 숲은 보지 못했던 걸 느끼고 계셨나요? 우리나라에서는 조금만 가면 산을 볼 수 있는데 호주는 계속 허허벌판만 있는 것 같아요. 그도 그럴 것이 호주는 고생대 이후 별다른 지각운동을 받지 않고 침식만 진행되었어요. 그러다 보니 전체적으로 평탄하죠. 해발고도 700미터 이상인 지역은 전국 토지의 12분의 1도 되지 않아요.

하지만 동부 해안을 따라서는 '그레이트디바이딩 산맥(Great Dividing Range)'이 솟아 있답니다. 평균 해발고도가 900미터 정도고요, 제일 높은 산인 '코지어스코(Kosciusko) 산'은 2,230미터나 되죠. 그래서 이번 여행지는 그레이트디바이딩 산맥 자락에 위치한 산간마을 '쿠란다(Kuran-da)'예요. 케언스에서 기차로 45분가량 올라가면 나오죠. 기차를 타고 올라간다니 실감이 잘 안 나시죠? 1850년대 즈음 케언스는 골드러시를 위한 항구였는데, 주변 마을들이 우기 때마다 홍수를 겪자 물에 잠기지 않는 길을 따라 철도를 놓기로 했어요. 그런데 해안 가까이 산지들이 많아 쉽지 않았고, 조사 끝에 배런 강 계곡을 따라 철도를 놓게 된 거죠. 그런데 이곳 역시 가파르고 험한 협곡이라서 15개의 터널과 12개의 다리를 만들어야 했어요. 기차를 타고 가다 보면 경사가 매우 급해지는 지점쯤에 배런 폭포가 있는데 경치가 장관이니 꼭 보셔야 해요.

마침내 쿠란다 마을에 도착했습니다. 이곳은 고도가 360미터 정도 되는 평평한 고원지대예요. 아기자기하니 예쁜 쿠란다 마을에서 캥거루 가죽이나 목공예품 같은 기념 품 쇼핑을 하는 것도 추천할 만 하죠. 그럼, 강변으로 가볼까요?

나무들이 빽빽하게 층층이 자라고 있는 게 보이시나요? 바로 열대우림이랍니다. 이곳이 열대기후이다 보니 예상치 못한 장관을 보게 되네요. 그럼, 하늘 에서 밀림을 감상해보면 어떨까

쿠란다의 위치

요. 케언스에서 쿠란다까지는 기차뿐만 아니라 스카이레일이 놓여 있 거든요. 일종의 케이블카죠. 올라올 때 본 협곡과 폭포, 그리고 열대림 을 하늘에서 보면서 내려갈 수 있어요.

배런 폭포

열대우림

스카이레일

　어때요? 열대림이 더 웅장해 보이죠? 이 숲을 훼손하지 않기 위해 모든 케이블 타워들을 헬기로 운반해서 설치했다고 해요. 그래서 시공 기간이 1년이 걸려 1995년에야 완성됐다고 하네요. 비용은 많이 들었겠지만 열대림은 보존할 가치가 있으니 잘한 일이 아닌가 싶어요. 저 아래로 해안마을이 보이는 것을 보니 이제 다 왔나 봐요.

📍
호주의 사탕수수 산업과 노예
호주 퀸즐랜드 주의 비가 많은 해안지대에는 사탕수수 밭이 가득하죠. 6월에서 12월 수확철에는 거대한 수확기들이 바삐 움직이고 사탕수수를 가득 실은 기차가 지나가는 걸 볼 수 있어요. 설탕은 1864년 브리즈번 근처에서 처음 상업적으로 생산되기 시작했죠. 그 후 케언스를 포함한 4개 도시에 설탕 공장이 세워졌어요. 그런데 사탕수수 농장에서 일할 값싼 노동력을 충당하기 위해 1863년에서 1904년에 걸쳐 태평양, 특히 바누아투와 솔로몬제도의 주민들이 퀸즐랜드 주로 잡혀오거나 유인당해 왔답니다. 그 숫자는 무려 6만 2,000여 명에 달했어요. 이들은 매우 낮은 임금을 받거나 아예 받지도 못하고 강제로 고된 노동에 시달려야 했죠. 그러다 1901년 백호주의 정책에 따라 강제로 추방당했고 남은 자들은 호주 사회의 소외계층으로 전락하고 말았답니다.

사탕수수 밭

사탕수수 밭의 노예들

　이것으로 호주 여행을 마칠까 해요. 신기한 지형과 독특한 동물들, 그리고 애버리지니에 대해서도 알 수 있었던 기회였는데, 유익한 여행이 되셨는지 모르겠습니다. 오스트레일리아를 끝으로 80일간의 세계 여행을 마치게 되었습니다.

　즐거운 여정이 되셨나요? 이제 그리운 우리나라로 돌아갈 시간이네요. 80일간 함께했던 여행으로 넓어진 견문이 오래 남길 진심으로 바라겠습니다. 그럼, 언젠가 새로운 여행을 떠날 때까지 안녕히 계세요.

기후변화 시대,
기후 난민의 미래는?

앵커 올해 우리나라는 아열대기후로 변하는 것 아니냐는 말이 나올 만큼 폭염이 기승을 부리고 폭우도 쏟아졌는데요, 남태평양의 섬나라에서는 이런 지구의 기후변화가 생존 문제가 되기도 한답니다. 키리바시에 나가 있는 특파원을 연결해보겠습니다.

기자 네, 신혼여행지로 인기가 높은 남태평양 섬나라들 중에는 지도상에서 사라질 위기에 처한 나라도 있습니다. 제가 있는 키리바시가 그 경우인데요. 키리바시는 32개의 산호초 섬으로 이루어진 나라로, 평균 해발고도가 1.85m로 매우 낮아 해수면 상승으로 인해 수몰 위기에 처해 있습니다. 키리바시공화국은 최악의 시나리오대로라면 2030년까지 해수면이 14cm 상승할 것으로 예상되고 있습니다.

앵커 그렇다면 키리바시 정부에서는 어떤 대책을 세우고 있는 겁니까?

기자 키리바시 정부는 해수면 상승, 경작지 감소 등에 대비해 피지 섬에 약 20㎢의 영토를 구입해서 대규모 이주 계획을 세우고 있습니다. 한편 '존엄한 이주'를 위한 노력도 하고 있는데요. 존엄한 이주란 다른 나라로 이주한 국민이 기후 난민으로서의 지위가 아닌, 공동체에 기여할 수 있는 시민이 될 수 있도록 기술력을 갖추게 지원하는 걸 의미합니다. 그러나 이 계획에도 막대한 예산이 필요한 것이 현실입니다.

앵커 피지나 투발루도 남태평양에 있는 나라인데, 해수면 상승으로 인한 피해는 없는 겁니까?

기자 피지는 화산섬으로 이루어져 있어 해수면 상승으로 육지가 잠기는 위기 상황은 아닙니다. 화산섬이 아닌 산호초 섬으로 이루어진 투발루, 키리바시 등이 해발고도가 낮아 수몰 위기에 있는 것이죠. 실제로 투발루의 두 개 섬은 이미 바닷속으

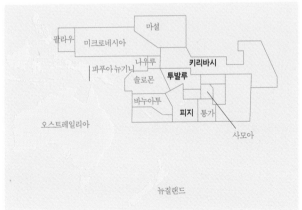

남태평양 지도

로 사라졌습니다. 투발루는 2001년 호주와 뉴질랜드에 이민을 요청했지만 호주 정부는 불허했고, 뉴질랜드는 제한적인 이민을 승낙했습니다.

앵커 제한적인 이민이라면 어떤 조건인가요?

기자 1년에 75명으로 인원을 한정했습니다. 또한 영어가 능통하고 뉴질랜드에서 직장을 가진 만 45세 이하인 사람이 조건입니다. 뉴질랜드의 경제적 실익을 고려한 조건이기도 하지만, 뉴질랜드에 와서 사회 구성원으로서 쉽게 적응할 수 있는 조건이기도 합니다.

앵커 이민자의 천국으로 불렸던 호주와 뉴질랜드에서 외국인 전문직 이민에 제동을 걸었다고 하는데, 이렇게 전문직도 규제를 강화하는 현실에서 기후 난민에게 이민을 허락하기는 쉽지 않겠습니다. 그렇다면 국제 사회의 지원 대책이 필요하지 않을까요?

기자 IPCC 보고서에 따르면 2050년까지 기후 난민은 약 1억 5천만 명이 발생할 것이라고 예상하고 있습니다. 기후변화는 한 나라만의 문제가 아니므로 방파제 건설, 간척사업, 해수 담수화사업 등에 대해 전 세계가 함께 지원 대책을 마련하는 것이 시급해 보입니다. 또한 기후 난민의 존엄한 이주가 이루어질 수 있도록 예산 지원뿐 아니라 기후 난민의 지위에 대한 고민도 필요할 것 같습니다. 🌏

—2017년 4월 19일

부록

우리나라 속 세계

📍 80일 동안 24개 나라의 60여 개 도시를 여행한 기분이 어떠신가요? 각 나라마다 저마다의 개성과 문화를 가지고 다양한 인종들이 살고 있으며, 기후와 지리, 역사적 배경에 따라 다른 모습으로 생활하고 있다는 사실을 아셨을 거예요. 각국의 배울 점은 배우고 나눠줄 건 나눠줄 수 있는 열린 마음과 넉넉한 인심을 갖게 되었으면 더없이 좋겠고요, 그래서 결국 지구촌은 하나라는 생각이 들었다면 함께 여행한 보람이 있을 것 같아요.

지금부터는 특별히 '우리나라 속 세계'의 모습을 살펴보려고 해요. 여행이 끝난 아쉬움도 달랠 겸 뭐니 뭐니 해도 세계 여행을 정리할 수 있는 기회가 될 듯해서요.

우리나라도 어느덧 많은 외국인들이 터를 잡고 살고 있어요. 그들이 모여서 사는 곳도 있고요. 마치 외국에서 본 코리아타운처럼 말이에요. 특정 국가의 사람들이 모여서 형성된 대표적인 곳을 말해보면, 가리봉동의 옌벤거리와, 반포동의 서래마을, 인천의 차이나타운 그리고 동부이촌동의 리틀도쿄, 경상남도 남해의 독일인 마을 등을 들 수 있어요. 한편 다양한 외국인이 모여서 형성된 곳도 있는데요, 안산 원곡동의 국경 없는 마을과 서울 이태원의 외국인 거리가 대표적이죠. 이 가운데 다양한 문화가 함께 공존하는 세 곳을 가보려고 해요. 그래야 여러 가지 문화를 볼 수 있을 테니까요. 먼저 안산의 원곡동으로 출발해볼까요?

1. 안산 원곡동의 국경 없는 마을

안산역에서 2번 출구로 나가면 다문화길이 보일 거예요. 이곳에 오면 우선 음식 냄새가 코를 자극하는데요, 이 특유의 냄새만으로도 이곳이 왜 국경 없는 마을인지 실감이 나요. 먼저 옆쪽의 우측 사진을 보세요. 2008년의 지리 달력인데요, 11월이 바로 이곳을 주제로 했더라고요. 자세히 보면 '틀림을 다름으로 고치는 달'이라고 써 있고, 숫자 11도 1의 모양이 조금 다르죠? '틀리다'와 '다르다'의 차이는 하도 많이 들어서 알고 있을 거예요. '틀린 그림 찾기'가 아닌 '다른 그림 찾기'가 맞다

안산의 다문화길

지리 달력

는 것도요. 지금까지 세계 여행을 하면서 만나본 사람들과 문화, 그건 다 다를 뿐이지 틀린 건 아니잖아요? 모두 배려하고 존중해야 하는 거고요. 요즘같이 글로벌이 강조되는 사회에서는 더더욱 그렇겠죠.

이곳이 국경 없는 마을이 되고, 다름의 상징이 된 것은 바로 안산에 위치한 시화공단과 반월공단 때문이에요. 안산은 제1차 국토종합개발계획에서 만들어진 계획도시죠. 이때 반월공단도 만들어졌어요. 그런데 IMF 이후 이곳에서 일하던 사람들이 안산을 떠나자 노동력이 심각할 만큼 부족해졌죠. 때마침 정부에서는 '산업연수생제도'와 '외국인 고용허가제'를 도입했는데요, 그러면서 이곳으로 외국인 노동자들이 많이 몰리게 되었답니다. 안산은 전국 시·군·구 중에서 외국인이 가장 많은 곳이에요. 등록된 외국인 수가 2017년 기준으로 5만 명 정도 되는데, 그중 3만 명 이상이 중국 국적이죠. 베트남, 필리핀, 캄보디아, 인도네시아 사람들도 많아요. 국적으로 보면 무려 100개국가량 됩니다. 오

다양한 간판

다양한 과일

늘 가볼 원곡동은 열 명 중 일곱 명이 외국인이에요. 정말 외국인이 굉장히 많은 곳이죠?

자, 그럼 다문화길을 죽 따라서 가볼까요? 제일 먼저 눈에 띄는 건 간판들인데요, 한자를 비롯해 다양한 나라의 말이 써 있어요. 국기를 모티프로 한 간판도 많고요. 정말 여기가 대한민국인가 싶네요. 과일가게의 과일들도 신기해요. 망고는 물론이고 두리안과 코코넛까지 있거든요.

담음

첫 번째 사거리에 오면 젓가락이 밥그릇을 떠받치고 있는 조형물이 보일 거예요. 이 조형물이 세워진 곳에서부터 본격적인 다문화 음식거리가 시작되죠. 조형물의 이름은 '담음'인데, 다양한 문화를 담는다는 뜻이 아닐까 싶어요. 이곳 음식거리에 오게 되면 휙 지나치지 말고 어떤 나라의 어떤 음식들이 손님을 유혹하는지 천천히 구경하고 맛도 보면서 다니길 권해 드려요.

만국기인류

아, 키다리 아저씨 조형물 좀 보세요. 외국인 주민센터 앞의 '만국기인류'라는 작품인데요, 이곳 국경 없는 마을을 상징하는 조형물이랍니다. 머리 위로 손을 올려 하트 모양을 하고 있는 게 재밌네요. 2008년 전국 최초로 세워진 외국인 주민센터는 외국인들을 위해 다양한 지원을 하고 있어요. 1층에 있는 은행은 주말과 공휴일에도 영업을 하고요, 2층의 이주민통역지원센터에서는 상담

외국인주민상담지원센터

안산이슬람센터

다문화안전경찰센터

원들이 근로자나 결혼이민자가 겪는 문제를 상담하고 정보를 제공해주고 있답니다. 지하에는 동남아 각국의 책을 구비해놓은, 대출도 가능한 다문화작은도서관도 있어요. 그 밖에도 한글뿐만 아니라 다문화 교육, 컴퓨터 교육도 진행하고 있고, 국가별 주간 행사나 각국의 대표적인 축제들도 진행하고 있죠. 타지에 와서 외롭고 힘든 하루하루를 보내고 있는 외국인들에게 많은 힘이 되어줄 것 같아 참 다행이란 생각이 듭니다.

그게 전부는 아니랍니다. 이곳엔 외국인 경찰도 있고, 국제결혼 가정과 외국인 노동자 가정의 자녀들을 대상으로 교육하는 기관도 있어요. 또 방글라데시, 파키스탄, 인도네시아 등 외국인 무슬림들이 자치적으로 운영하는 이슬람센터도 있고요. 인권보호소나 인권침해 신고함 같은 외국인 인권보호시설도 있는데, 이는 문화적 차이 무시, 임금 체불, 강제 잔업 등 불합리한 상황이 발생했을 때 외국인 노동자들을 도와주기 위해서 만들어진 거랍니다. 이런 기관들이 있으니 안심이 되기도 하지만, 한편으론 이런 것 없이도 우리가 함께 배려하고 관심을 기울이면 얼마나 좋을까 하는 생각이 들기도 해요.

그럼, 원곡동 답사는 이쯤에서 끝내고 이제 서울의 이태원으로 가볼까요?

2. 다양한 문화를 소비하고 즐기는 이태원

이태원은 지하철을 타고 가다 6호선 이태원역에서 내리면 된답니다. 그리고 2번 출구로 나오세요. 이곳에서도 원곡동처럼 다양한 세계와 문화, 그리고 음식을 경험할 수 있는데요, '세계음식문화거리'로 가면 정말 맛있는 음식들이 넘쳐난답니다. 세계음식문화거리로 쉽게 가자면 녹사평역에서 내려야 하는데, 무엇보다 '이슬람중앙성원'을 들러보는 게 중요할 것 같아 이곳 이태원에서 내렸어요. 그런데 왜 이슬람중앙성원이 있는 3번 출구가 아닌 2번 출구로 나왔냐고요? 왜냐하면 멀리서 이슬람중앙성원을 보기 위해서랍니다. 2번 출구로 나오면 바로 커피숍이 보이거든요. 이 커피숍 옥상으로 한번 가보려고요. 여기 옥상에서 이슬람중앙성원을 바라보며 과거 이곳에 큰 건물이 없었을 때는 이슬람중앙성원이 얼마나 잘 보였을까, 얼마나 커 보였을까 상상해보는 것도 재미있답니다.

이슬람중앙성원이 세워진 이유를 알려면 1970년대 한국 건설 인력들이 대거 중동으로 유입되던 시기로 돌아가야 합니다. 그때 우리 정부는 중동 국가와 우애를 다지고 국내 무슬림들의 종교적 자유를 보장하기 위해 이슬람 전통

멀리 보이는 이슬람중앙성원

모스크를 건설하는 데 합의했어요. 그리고 1976년에 이슬람중앙성원이 세워졌죠.

이제 찻길을 건너가볼까요? 이슬람중앙성원으로 가는 길에는 이슬람과 관련된 상점들이 즐비하게 늘어서 있어요. 정육점, 무슬림 식재료 전문 마트, 무슬림 전용 전자상가, 무슬림 베이커리, 이슬람 여행사, 이슬람 도서관 등등. 그런데 무슬림들은 돼지고기를 먹지 않잖아요. 그럼 우리나라 정육점이나 마트에서 다른 고기를 사면 될 텐데 왜 이슬람 정육점이 따로 있을까 궁금하지 않으세요? 그건 이슬람 정육점에서는 할랄(halal) 인증된 것을 팔기 때문이랍니다. 사실, 돼지고기 이외의 육류를 섭취하기는 하지만 우리와 같은 일반인들이 먹는 고기와는 차이가 있어요. 이슬람 양식에 맞게 도축된 고기만 먹을 수 있거든요. 할랄이란 이슬람법에 허용된 항목, 즉 신이 허락한 음식이라는 뜻이랍니다.

그래서 무슬림들이 우리와 같이 생활한다면 채식과 생선만 먹을 수 있어요. 이태원에 이슬람 거리가 독자적으로 형성되어 있는 것도 그 이

이슬람중앙성원 가는 길

유 때문인 것 같아요. 할랄 인증을 받은 걸 파는 가게가 모여 있으니까요. 따라서 자연스레 작은 시장이 형성되었고, 무슬림은 예배뿐만 아니라 장을 보기 위해 이곳을 찾고, 그러면서 점점 더 독특한 문화경관이 만들어진 거죠. 음식 말고도 화장품 같은 일부 소비제들도 할랄 인증을 받아야 하거든요.

어느새 이슬람중앙성원 앞에 도착했어요. 웅장한 성원 위의 아랍어는 '알라후 아크바르'라고 읽는 건데, '알라가 가장 위대하다'라는 뜻이라고 해요. '알라'는 이슬람에서 믿는 유일신이죠. 기독교에서 말하는 하나님과 같다고 생각하면 된답니다. 참, 한 가지 주의할 사항이 있는데, 바로 복장이에요. 이슬람에서는 과다하거나 불필요한 신체 노출을 금하고 있어서 민소매나 미니스커트, 반바지 차림으로는 성원 안에 들어갈 수 없어요. 이런 문화를 잘 모르는 사람들을 위해서 긴 치마를 빌려주기도 하니까 크게 걱정할 건 없지만요.

무슬림들은 하루에 다섯 번 예배를 보는데, 메카를 향해서 절을 하고

이슬람중앙성원

복장 안내

기도를 드린답니다. 그래서 우리나라가 이슬람 국가에 수출하는 휴대 폰과 스마트폰은 메카를 향하는 나침반이 필수로 내장되어 있죠. 그리고 남녀가 함께 예배를 볼 때는 서로 섞이면 안 되기 때문에 이곳 1층은 남자 예배실, 2층은 여자 예배실로 구분되어 있어요. 만약 같은 공간에서 예배를 봐야 할 경우엔 남자들은 앞쪽에, 여자들은 뒤쪽에 따로 있게 하죠. 예배 방식이 계속 앉았다 일어섰다를 반복하며 절을 하는 건데, 남녀가 육체적으로 접촉할 수 없도록 하기 위해서랍니다.

현재는 서울은 물론 먼 곳에 사는 이슬람교인들 800여 명이 금요일 기도회에 참석하기 위해 이곳을 찾는다고 해요. 중동 지역은 물론, 인도와 방글라데시 등 여러 나라의 사람들이 이곳에 와서 예배를 드리죠. 점점 무슬림들이 많아지고 있는 데다가 우리나라 사람들의 관심도 높아져서 중앙성원 옆에 있는 이슬람문화연구소에서는 이슬람 관련 서적과 동영상을 자유롭게 볼 수 있도록 해두었어요. 아랍어 연수원에서는 아랍어 강좌는 물론 각종 문화 강좌를 개설해놓기도 했고요. 한국이슬람교중앙회 홈페이지(www.koreaislam.org)에 방문 신청을 하면 이슬람 문화와 교리에 대한 설명도 들을 수 있으니 활용해보세요.

이슬람 얘기는 이쯤에서 그만하기로 하고, 이태원의 다른 매력을 느끼러 가볼까요? 사실 이태원에 먼저 살게 된 외국인은 임진왜란 이후 본국으로 돌아가지 않은 일본인들이었다고 해요. 그러다가 한국전쟁 이후 용산에 미군기지가 자리를 잡으면서 이곳에 군인아파트, 외국인

빅 사이즈 옷가게 군복을 파는 가게

집단거주지, 미국 후송병원 등이 생겼고, 위락 지대로 번창하게 됐죠.
대부분 미군과 미군을 상대하는 장사꾼, 그리고 직업여성들이었어요.
그 후 중앙성원이 생기면서 미국인뿐만 아니라 무슬림들도 늘어나게
된 거죠.

역사가 어찌 됐든 이태원은 이제 외국인들에게 가장 잘 알려진 관광
지가 되었어요. 일본, 홍콩, 중국, 동남아, 아프리카, 중동 지역 관광객
이 이곳을 많이 찾는답니다. 정부가 관광특구로 지정해 국제적인 관광
쇼핑 명소로 가꾸기 위해 노력하고 있기도 하고요.

곳곳에 빅 사이즈 옷을 전문으로 파는 가게가 보이는데, 그 이유는
뭘까요? 이곳은 1980년대까지만 해도 손님이 온통 미군들뿐이었거든
요. 한국인보다 덩치가 큰 미국인들은 옷을 사기가 어려웠죠. 그래서 미
군을 대상으로 하는 양장점이 많이 생겼고, 그것이 지금까지 이어진 거
랍니다.

이태원 여행의 즐거움 중 하나는 뭐니 뭐니 해도 먹거리죠. 파키스탄

의 탄두리 치킨부터 터키의 케밥, 중남미의 타코, 두툼한 패티가 환상인 수제 햄버거까지, 유럽에서 중남미, 아프리카까지 없는 게 없는 세계음식거리가 있거든요. 좋아하는 나라의 음식을 찾아 맛보는 것도 이곳 여행의 재미 중 하나랍니다.

세계음식거리

마지막으로 소개해드릴 곳은 '앤티크가구거리'예요. 이곳은 중세 유럽의 느낌이 물씬 풍기는 거리로, 40여 년 전 당시 이태원에 살던 미8군 소속 주한미군 때문에 생겨나기 시작했답니다. 가구를 구입하고 처분하는 일이 번거로웠던 주한미군들로 인해 중고 가구를 취급하는 가구점이 하나둘 문을 열었던 거예요. 한국전쟁 이후에 미국으로 돌아가는 미군과 한국에 파견 온 미군끼리 가구를 교환하기도 했고요.

이태원은 정말 볼수록 매력 만점인 곳이에요. 원곡동에서는 삶의 치

앤티크가구거리

열함이 느껴졌는데, 이태원은 다양한 문화를 소비하고 즐긴다는 느낌이 강하게 드네요. 원곡동은 아시아가 중심인 데 반해 이곳은 좀 더 다양한 나라, 즉 아메리카, 아프리카까지도 볼 수 있으니까요. 그래서인지 이곳에는 성소수자들도 많이 모여요. 정말 이태원은 엄청나게 재밌고 매력적인 곳이랍니다.

3. 봉주르~ 서울 반포 서래마을

또 다른 곳을 찾아 이태원에서 한강을 건너 고속터미널역으로 갈 거예요. 이곳에도 외국인이 많이 모여 사는 곳이 있거든요. 바로 프랑스 사람들이 모여 사는 서래마을입니다. 몇몇 사람들은 이곳을 '리틀 프랑스'라고도 불러요.

고속터미널역에서 6번 출구로 나와 쭉 걸어가다 보면 만나는 육교를

서래마을 입구

프랑스어 표지판   태극기와 프랑스 국기

건너세요. 그럼 서래마을 입구가 나옵니다. 서래마을에서 우리를 가장 먼저 반기는 것은 프랑스어입니다. 버스정류장과 교통표지판에는 다른 곳에서 볼 수 없는 프랑스어가 같이 표기되어 있거든요. 그리고 가로등마다 태극기와 함께 프랑스 국기가 보여요. 정말 프랑스 사람들이 많이 살고 있구나 하는 실감이 난답니다.

사실, 서래마을은 넓게는 국립중앙도서관, 몽마르뜨 공원부터 서쪽으로는 서초소방서 혹은 서래초등학교까지를 말합니다. 이곳은 높은 아파트보다는 저층의 고급 빌라가 많이 모여 있는 주거지역이죠. 유명 연예인들도 이곳에 많이 살아요. 하지만 좁게는 이곳 입구부터 방배중학교까지 연결되는 서래로 일대를 말해요. 서래로에는 카페와 음식점, 그리고 슈퍼마켓 등이 모여 있죠. 우리는 이곳 서래로를 보고 갈 거예요.

서래마을에는 왜 프랑스 사람들이 많이 모여 살게 되었을까요? 바로 서울 프랑스학교 때문입니다. 서울 프랑스학교는 1974년 용산구 한 남동에서 개교했는데, 1985년에 이곳으로 옮겨졌답니다. 서울 프랑스 학교는 유치원부터 고등학교 교육과정까지 모두 갖추고 있어요. 그러니 자연스레 프랑스 사람들이 이사를 온 것이죠. 커뮤니티가 생겼고, 이곳만의 문화와 분위기가 만들어지기 시작했어요. 2016년 현재, 서울에 살고 있는 프랑스인은 약 2천 명인데, 그중 400명 정도가 서래마을 인근(반포4동, 방배본동, 방배4동)에 살고 있어요. 대사관 직원 가족과 우리나라에 진출한 프랑스 회사의 직원 가족이 대부분입니다. 1990년대 말 까르푸, 르노, 떼제베(TGV) 등 우리에게도 익숙한 회사들이 진출하면서 서래마을이 확장되었고, 고급 빌라가 들어섰으며, 더욱 북적거리게 되었다고 해요. 우리에게 유명해진 것도 이 무렵이죠.

주위를 둘러보면서 좀 더 걸어볼까요? 들어가보고 싶은 레스토랑이 보이고, 유럽풍의 카페도 보여요. 그러다 보면 향긋한 빵 굽는 냄새가 절로 발길을 이끌 거예요. 바로 빵집 파리크라상(반포서래점)입니다. 프랑스 하면 생각나는 이미지 중 하나가 바게트잖아요? 실제로 이곳 파리크라상은 프랑스인들의 사랑방 역할을 하고 있다고 해요. 아침이면 프랑스 사람들이 이곳에서 바게트를 사며 이런저런 이야기를 나누고, 점심과 저녁 때는 여기서 간단히 식사를 즐기기도 한다고 해요.

이곳의 바게트는 좀 다르다는데요. 프랑스인 파티쉐가 프랑스 전통 방식으로 프랑스 사람의 입맛에 맞는 바게트를 만든다는군요. 부드럽고 촉촉하기보다는 좀 더 무거운 맛이라고 하는데, 우리나라 사람들이 바로 알 수 있을지는 모르겠어요. 아무튼 서래마을에 온다면 파리크라상에

파리크라상

서 바게트 하나 사 먹는 건 필수 코스겠죠? 여유가 있다면 빵을 사서 2층이나 3층에서 먹어보는 것도 좋답니다.

서래로를 따라 조금 더 올라가면 슈퍼가 보일 거예요. 빵을 샀으니 이번엔 음료수를 사려고 해요. 입구에는 프랑스어와 한글로 된 이런저런 게시물들이 붙어 있는 게 이곳도 사람과 사람을 연결하는 중요한 곳인 것 같아요. 슈퍼에 들어가면 역시 예상 적중! 매장 한 켠에서는 프랑스의 식재료와 과자들을 볼 수 있네요. 음료수뿐만 아니라 과자도 하나 사야겠는걸요.

드디어 서울 프랑스학교에 도착했습니다. 이곳 서울 프랑스학교는 한때 강남구로 이전하려고 계획했다고 해요. 점점 학생은 늘어나는데, 공간은 부족했기 때문이죠. 하지만 프랑스 사람들뿐만 아니라 주변 사

슈퍼마켓의 입구

슈퍼마켓 내부 모습

람들이 모두 반대를 했어요. 게다
가 이전 예정지인 강남구 시민들도
반대를 했죠. 그래서 이곳에 남아
좀 더 확장하는 걸로 계획을 바꾸었
다고 해요.

서울프랑스학교

　좀 더 걸으면 방배중학교가 나
오면서 서래로는 끝이 납니다. 하
지만 이곳에선 또 재미있는 도로명
을 만날 수 있어요. 바로 '몽마르뜨길'이에요. 그리고 이 길을 따라 가면
'몽마르뜨 공원'이 나오죠. 몽마르트는 프랑스 파리 북부에 있는 곳이랍
니다. '몽'이 산을 의미하니 '마르트 산' 정도로 번역하면 될 듯해요. 프
랑스를 대표하는 관광지이자 예술과 창작의 공간으로 많은 미술작품과
영화들이 이곳에서 태어났죠. 서래마을 입구부터 이곳까지 살짝 오르
막길이었는데 그것 때문에 이런 이름이 붙은 것일까요? 잘은 모르겠지

몽마르뜨 길

몽마르뜨 공원

만, 분명 이곳에 사는 프랑스 사람들은 몽마르뜨 길과 공원에서 조국을 생각하며 위안을 얻고 힘을 낼 거예요.

아! 그리고 마지막으로 이왕 서래마을을 구경할 거라면, 서울 프랑스학교의 하교 시간인 오후 4시에 가보는 게 좋을 것 같아요. 그리고 바게트를 먹으며 걷다가 분위기 좋은 식당에서 저녁까지 먹는다면 금상첨화겠죠?

지금까지 안산의 원곡동과 서울의 이태원 그리고 프랑스인들이 모여 사는 반포 서래마을까지 돌아봤습니다. 이뿐만 아니라 인천의 차이나타운, 일본인들이 모여 사는 동부이촌동과 조선족들이 많이 사는 구로구의 가리봉동까지 많은 나라가 우리나라 안에 있답니다. 한번 찾아가보세요. 그곳에 가면 마치 비행기 타고 해외여행을 간 것 같은 기분이 들지도 몰라요. 그곳의 현지 음식을 한번 먹어보는 것도 즐거운 경험이 될 거고요. 더불어 우리나라 속에서 희망을 품고 사는 이웃나라 친구들을 만날 수도 있습니다. 그들을 보며 우리와 나를 다시 성찰하는 계기로 삼는 것도 좋을 듯해요.

다만, 걱정되는 게 있어요. 우리 약속 하나 하는 건 어떨까요?

그들을 있는 그대로 바라봐주세요. 그들과 그들의 삶을 신기한 무엇으로 바라보지 않았으면 좋겠어요. 편견으로 바라보지 않았으면 좋겠어요. 당연히 사진도 허락을 받고 찍으셔야겠죠?

우리 모두 지금, 지구마을에서 더불어 사는 이웃이니까요.

- p.99 마림바

- p.99 프레실리그라운드

- p.108 스텔렌보스

- p.125 웰랜드 운하(오른쪽)

- p135 노트르담 성당(왼쪽)

- p135 노트르담 성당(오른쪽)

  https://commons.wikimedia.org/wiki/File:Cathedral-Basilica_of_Notre-Dame_
  de_Qu%C3%A9bec_(14744336526).jpg

- p.144 웬데이크

  CC BY-SA-3.0

  Pierre-Olivier Fortin, 〈Site traditionnel huron Onhoüa chetek8e, Wendake〉

  https://commons.wikimedia.org/wiki/File:Site_traditionnel_huron_
  Onho%C3%BCa_chetek8e,_Wendake.jpg

- p.144 파우와우

  CC-BY-SA-3.0

  Bjoertvedt, 〈Bayfield county IMG 1612 red cliff wisconsin 34th powwow〉

  https://commons.wikimedia.org/wiki/File:Bayfield_county_IMG_1612_red_
  cliff_wisconsin_34th_powwow.JPG

- p.145 휴런 마을

  CC-BY-SA-3.0

  Eric Fortin, 〈Site Traditionnel Huron-Village Wendake〉

  https://commons.wikimedia.org/wiki/File:Site_Traditionnel_Huron_-_Vil-
  lage_Wendake.jpg

- p.146 태양의 서커스

  CC-BY-SA-2.0

  Ed Schipul, 〈Liz Vandal costumes at OVO! by Cirque de Soleil〉

  https://commons.wikimedia.org/wiki/File:Liz_Vandal_costumes_at_OVO!_
  by_Cirque_de_Soleil.jpg

- p.147 페르세 록(위)

  CC-BY-SA-2.0

• p.170 비행기 무덤
Public Domain
Mass Communication Specialist 3rd class Ammber Porter, ⟨Aerial view of Davis-Monthan AFB AMARG in March 2015⟩
https://en.wikipedia.org/wiki/309th_Aerospace_Maintenance_and_Regeneration_Group#/media/File:Aerial_view_of_Davis-Monthan_AFB_AMARG_in_March_2015.JPG

• p.171 풍력발전소
Cco Public Domain
https://pxhere.com/en/photo/151625

• p.171 태양광발전소
https://commons.wikimedia.org/wiki/File:Nellis_AFB_Solar_panels.jpg

• p.183 LA 다운타운
CC-BY-2.0
Chris Eason, ⟨Los Angeles Theatre⟩
https://commons.wikimedia.org/wiki/File:Los_Angeles_Theatre.jpg

• p.183 리틀 도쿄
CC BY-SA-3.0
Nandaro, ⟨20140810-0407 Little Tokyo⟩
https://commons.wikimedia.org/wiki/File:20140810-0407_Little_Tokyo.JPG

• p.183 멕시코 거리
CC-BY-SA-3.0
Visitor7, ⟨Olvera Street, Los Angeles-2⟩
https://commons.wikimedia.org/wiki/File:Olvera_Street,_Los_Angeles-2.jpg

• p.187 트뤼도와 트럼프의 만남

  https://en.wikipedia.org/wiki/Justin_Trudeau

• p.249 베네수엘라의 위치

  CC-BY-SA-3.0

  https://en.wikipedia.org/wiki/Venezuela#/media/File:VEN_orthographic_
    (%2Ball_claims).svg

• p.254 오벨리스크

  CC-BY-SA-3.0

  Rodarte, 〈Obelisco en Buenos Aires〉

  https://commons.wikimedia.org/wiki/File:Obelisco_en_Buenos_Aires.JPG

• p.311 남극 깃발

  Graham Bartram, 〈Flags of Antarctica〉

  https://en.wikipedia.org/wiki/Flags_of_Antarctica

• p.340 장보고과학기지

  〔남극_기지〕남극장보고과학기지 준공식-장보고기지 정면, 극지연구소 제공

• p.360 키위새

  Public Domain

  Szilas, 〈South Island Brown Kiwi, Canterbury Museum, 2016-01-27〉

  https://commons.wikimedia.org/wiki/File:South_Island_Brown_Kiwi,_Can-
    terbury_Museum,_2016-01-27.jpg

• p.396 브리지 클라이밍

  Dcoetzee, 〈People climbing Sydney Harbour Bridge〉

  https://commons.wikimedia.org/wiki/File:People_climbing_Sydney_Harbour_
    Bridge.jpg

- p.121 나이아가라 폭포(위, 중간) ⓒ송윤종
- p.121 나이아가라 폭포(아래) ⓒ서민철
- p.123 아메리칸 폭포, 브라이들베일 폭포 ⓒ서민철
- p.124 무지개가 뜬 나이아가라 폭포 ⓒ송윤종
- p.125 웰랜드 운하 ⓒ서민철
- p.126 나이아가라 온 더 레이크 ⓒ강전영
- p.127 와인 농장 ⓒ서민철
- p.129 더 리빙 워터 웨이사이드 교회 ⓒ서민철
- p.133 몽모랑시 폭포 ⓒ송윤종
- p.134 몽모랑시 폭포의 계단 ⓒ송윤종
- p.138 샤토 프롱트낙 호텔(아래) ⓒ송윤종
- p.139 불어 표지 간판 ⓒ서민철
- p.140 루아얄 광장 ⓒ서민철
- p.142 프레스코 벽화(왼쪽) ⓒ송윤종
- p.174 로스앤젤레스의 전경 ⓒ김수정
- p.175 로스앤젤레스의 야경 ⓒ김수정
- p.179 TCL 차이니즈 시어터 ⓒ김수정
- p.180 유니버설 스튜디어 ⓒ김수정
- p.183 차이나타운, 코리아타운, 올베라 거리 ⓒ김수정
- p.184 코리아타운 ⓒ김수정